U0861602

全国中等职业学校机械类专业通用
全国技工院校机械类专业通用（中级技能层级）

机械基础课教学参考书

——与机械基础（第七版）配套使用

王希波　主编

中国劳动社会保障出版社

简介

本书为全国中等职业学校机械类专业通用教材 / 全国技工院校机械类专业通用教材（中级技能层级）《机械基础（第七版）》的配套用书，供教师在教学中使用。

本书按照教材章节顺序编写，内容安排力求体现教材的编写意图，以期为教师提供多方面的帮助。书中每章包括“教学目标”“教学重点和难点”“教学建议”“补充资料”等内容。

本书由王希波任主编，吴致远、米光明参加编写，王荣圣任主审。

图书在版编目（CIP）数据

机械基础课教学参考书：与机械基础（第七版）配套使用 / 王希波主编. -- 北京：中国劳动社会保障出版社，2023

全国中等职业学校机械类专业通用　全国技工院校机械类专业通用. 中级技能层级

ISBN 978-7-5167-6054-3

Ⅰ. ①机…　Ⅱ. ①王…　Ⅲ. ①机械学 - 中等专业学校 - 教学参考资料　Ⅳ. ①TH11

中国国家版本馆 CIP 数据核字（2023）第 161337 号

中国劳动社会保障出版社出版发行

（北京市惠新东街 1 号　邮政编码：100029）

*

北京市艺辉印刷有限公司印刷装订　新华书店经销

880 毫米 ×1230 毫米　32 开本　8.125 印张　193 千字

2023 年 9 月第 1 版　2023 年 9 月第 1 次印刷

定价：22.00 元

营销中心电话：400-606-6496

出版社网址：http://www.class.com.cn

http://jg.class.com.cn

目 录

绪　论

学时分配表

教学内容	建议学时
一、机械	1
二、运动副	0.5
三、机构运动简图	0.5
合计	2

教材首先从生活和生产实践中的实例推出机械的概念，继而逐一介绍机器、机构、零件、部件、构件等机械方面的基本概念，在此基础上进一步阐述了运动副、低副、高副等的含义，然后结合运动副介绍了机构运动简图的概念。

绪论的主要任务是帮助学生了解与机械有关的概念，了解机构运动简图的概念，掌握常用构件和运动副的机构运动简图用图形符号的画法，为后面学习本课程打下基础。教师在绪论的教学中应该多引用生活和生产实践中的实例，让学生明白学习机械基础课就是解决生活和生产中的实际问题，以激发学生的学习兴趣和求知欲。学生只有真正建立起学以致用的思想，结合本专业其他的相关课程、生产实习及生活进行学习，才能真正学好机械基础课。

一、教学目标

1．了解机械、机器、机构、零件、部件与构件的概念，掌握常见机器的类型和组成。

2．了解运动副的概念，掌握低副、高副的概念和类型。

3．了解机构运动简图的概念，掌握常见构件和运动副的图形符号。

4．根据所学专业认识一种简单机械（如钻床、车床、电风扇等）的结构、传动原理和基本操作方法。

二、教学重点和难点

1．教学重点

（1）常见机器的类型和组成。

（2）低副、高副的概念和类型。

（3）常用构件和运动副的图形符号。

2．教学难点

机器与机构的区别。

三、教学建议

1．机械

（1）在授课时，可以展示日常生活和生产实践中常见机械的图片或工作视频，如日常生活中的手表、自行车、电风扇、豆浆机、洗衣机、汽车等，实训过程中用到的扳手、游标卡尺、钻床、车床、砂轮机等，让学生在讨论中了解机械的组成、用途及在生产、生活中的重要性。

（2）机器和机构的概念都比较抽象，教师在教学时要多与生活和生产实践相结合，让学生通过实际中的例子了解机器与机构的差异。

（3）为便于教学，本教材对所有机械、机构等都配备了丰富的 AR 教学资源，教学中要注意结合 AR 教学资源分析机械的结构和工作原理，让学生喜欢并习惯利用 AR 教学资源进行学习。

（4）在绪论中，机器与机构的许多概念都是结合钻床进行分析的，作者之所以选择钻床，是因为钻床结构相对简单，传动机构非常典型且可以很容易看到。分析钻床的结构和工作原理时，可以先让学生利用 AR 教学资源进行自学，并思考以下问题：

1）钻头有哪些运动?

2）旋转运动是如何产生的？如何传递给钻头?

3）向下的进给运动是如何实现的?

（5）让学生分析机器与机构的区别是一件比较困难的教学任务，本课程的目的是让学生了解机器与机构的相关概念，所以实际教学中没有必要过度分析机器与机构的区别。要把教学重点放在分析机器的组成上。

（6）教师要注意分析两爪顶拔器的结构和工作原理，结合两爪顶拔器讲解零件与构件的关系。教学中，要让学生通过 AR 教学资源了解两爪顶拔器的结构和工作原理，然后通过分析两爪顶拔器的结构讲清楚零件和构件的关系。

（7）部件也是机械常用名词，教师要结合钻床或其他机械进行教学，并通过机械的生产过程讲解零件和部件的关系。

2. 运动副

（1）运动副是两构件间的可动连接，该连接具有两个特征：两构件直接接触；能产生一定的相对运动。副是相配成对的意思。

（2）在教学中应着重讲解低副与高副的应用特点，并注意两者的区别：

低副承受载荷时单位面积压力较小，其使用特点是承载能力强，但摩擦损失大，效率低，不能传递较复杂的运动。

高副承受载荷时单位面积压力较大，其使用特点是能传递较复杂的运动，但易磨损，使用寿命短，制造及维修较困难。

（3）在教学中应注意结合实例分析各种运动副的概念，学生一开始接触机械的相关内容，对各种机械的概念、机械的结构和工作原理都比较陌生，教师要注意分析实例中涉及机械的结构和工作原理，引导学生举一反三，找出他们自己熟悉的实例。

（4）在教材中，所有运动副都举了一个常见的实例，并配备了 AR 教学资源，要让学生充分利用 AR 教学资源分析实例的结构和工作原理，并结合实例掌握相关的概念。

3. 机构运动简图

（1）在机械基础课及其他专业基础课和专业课中，经常用机构运动简图表达机构的工作原理。教学中要重点分析在机构运动简图中构件和运动副是如何表达的，要让学生记住常用构件和运动副的图形符号。

（2）引导学生查阅国家标准《机械制图　机构运动简图用图形符号》（GB/T 4460—2013），培养学生的标准化意识和检索资料的能力。

四、补充资料

机器与机构的区别见表 0–1。

表 0–1　　机器与机构的区别

名称	特征	功用
机器	（1）任何机器都是人为的实物（构件）组合体 （2）各构件之间具有确定的相对运动。一般情况下，当其中某构件的运动一定时，其余各构件的运动也就随之确定 （3）在生产过程中，它们能代替或减轻人们的劳动，完成有用的机械功或将其他形式的能量转换为机械能	利用机器能做功或实现能量转换
机构	具有机器特征中的（1）和（2）两项特征，但无特征（3）	传递、转换运动或实现某种特定的运动形式

第一章　带　传　动

学时分配表

章节内容	建议学时
§1-1　带传动的组成、工作原理和类型	1
§1-2　V 带传动	3
§1-3　同步带传动	2
§1-4　实训——调节台式钻床转速	4
合计	10

本章的主要任务是使学生了解及掌握带传动的相关知识，并逐步提高对机械传动的认识能力，为后续章节的学习打下良好基础，以满足专业课和生产实践课的需要。

本章首先从生产实践中带传动的实例入手，引入带传动的组成、工作原理和类型，然后重点介绍实际生产中应用最为广泛的普通V带传动。近几年，窄V带传动和同步带传动的应用更加普遍，第七版教材完善了对窄V带传动和同步带传动的介绍。对其他一些应用较少的带传动（如平带传动、圆带传动、多楔带传动等），可结合专业需要给予补充，以扩大学生的知识面。

§ 1–1　带传动的组成、工作原理和类型

一、教学目标

1. 掌握带传动的组成、工作原理。
2. 了解带传动的类型、特点与应用。
3. 掌握带传动的传动比计算公式。
4. 了解带传动在生产和生活中的应用。

二、教学重点和难点

1. 教学重点

（1）带传动的组成和工作原理。

（2）带传动的传动比计算公式。

2. 教学难点

带传动的传动比计算公式。

三、教学建议

1. 带传动的组成

（1）本章是教材具体内容的开始，学习机械基础的关键是要注意理论联系实际，要尽量根据学生的专业从生产实践中选取实例进行教学，并注意引导学生观察及分析生活和生产实践中的应用实例，以激发学生的学习兴趣。

（2）带传动是机械传动中最常用也是应用最广泛的传动之一，可采用图片、视频、AR 教学资源或课外参观等方式，加强学生对带传动实际应用的认识，以提高学习的成效。

2. 带传动的工作原理

（1）对于学习基础较好的学生，要注意深化学生对带传动

工作原理的认识。目前，大多数带传动都是依靠摩擦力来传递运动与动力的。主动轮通过摩擦力将运动与动力传递给带（中间挠性件），带又通过摩擦力将运动与动力传递给从动轮，从而实现带传动的正常工作。

（2）摩擦力的大小不仅与带和带轮接触面的摩擦因数有关，还与接触面之间的正压力有关，但与接触面积的大小无关。摩擦力 = 摩擦因数 × 正压力。因此，带与带轮之间必须有一定的张紧程度，以保证有足够的摩擦力。

3. 带传动的传动比

（1）传动比是机械传动的一个重要概念，针对不同的机械传动，具体的计算表达式会有所不同，但基本概念是相同的。

（2）在教学中，可引导学生自己总结：当 $0<i<1$ 时，机械传动为增速传动（从动轮转速大于主动轮转速）；当 $i=1$ 时，机械传动为等速传动（从动轮转速等于主动轮转速）；当 $i>1$ 时，机械传动为减速传动（从动轮转速小于主动轮转速）。常用的机械传动多为减速传动。

（3）要注意讲清楚传动比角标符号的含义，i_{12} 与 i_{21} 的含义是不同的，在计算中不能混淆。

i_{12} 的含义：轮 1 为主动轮，轮 2 为从动轮，i_{12} 表示轮 1 转速与轮 2 转速的比值。

i_{21} 的含义：轮 2 为主动轮，轮 1 为从动轮，i_{21} 表示轮 2 转速与轮 1 转速的比值。

4. 带传动的类型、特点与应用

对比分析各种类型的带的结构、特点和应用场合，可以让学生结合生活和生产实践找出各种类型的带在实际中的应用。

§1–2 V 带 传 动

一、教学目标

1．掌握 V 带的结构、类型和主要参数，了解 V 带轮的结构和主要参数。

2．了解 V 带的材料、标记和 V 带轮的材料，了解 V 带传动的特点。

3．掌握 V 带传动的传动比计算公式，了解其他参数的计算方法或选用原则。

4．掌握 V 带的安装、维护及张紧方法。

二、教学重点和难点

1．教学重点

（1）V 带的结构、类型、主要参数和标记。

（2）V 带传动的传动比计算。

（3）V 带的安装、维护及张紧方法。

2．教学难点

（1）V 带的主要参数。

（2）V 带轮的主要参数。

三、教学建议

1．V 带、V 带轮的组成和主要参数

（1）让学生观察 V 带传动的工作原理图，了解 V 带传动的工作原理，弄清楚 V 带的哪个面与 V 带轮的轮槽接触，哪个面与 V 带轮的轮槽不接触。

（2）让学生观察 V 带的截面图，了解 V 带横截面的形状。

（3）让学生观察普通V带的结构示意图，分析V带的结构。引导学生分析各组成部分的材料，为分析V带的使用性能打下基础。

（4）在V带的横截面尺寸中，相对高度是一个比较难理解的概念，教师要让学生明白：相对高度是一个比值，没有单位。通过对比分析普通V带与窄V带的相对高度，得出结论：同样节宽的窄V带比普通V带的高度尺寸大，截面积大，侧面与V带轮的接触面积也大，因此可以提高传动功率。

（5）在分析V带轮的参数时，要引导学生将其与V带的参数进行对比。

（6）V带轮的结构从功能上分为轮缘、轮辐和轮毂三部分，这与链轮、齿轮、蜗轮等的结构是相同的，教师要注意分析它们之间的共性。

（7）要让学生结合机械制图的知识看懂视图，不断提高学生的看图能力。

2. V带和V带轮的型号、尺寸、材料

（1）让学生结合教材表1–2分析各种型号的普通V带横截面尺寸的变化情况，结合教材表1–3分析各种型号的窄V带横截面尺寸的变化情况。

（2）在分析V带的基准长度 L_d 和有效长度 L_e 时，要结合V带轮的结构进行分析。

（3）V带属于易损件，需要定期检查，在损坏时要及时更换相同标记的V带，所以认识V带的标记非常重要。在讲解普通V带的标记时，要让学生明确国家制定标准的意义，机械设计和制造中要严格执行国家标准。V带的标记由型号、基准长度和标准编号三部分组成，教师要通过实例让学生看懂普通V带和窄V带的标记，并引导学生通过查阅相关国家标准提高标准化意识。

（4）让学生结合教材图1–11了解V带轮轮槽的横截面尺

寸，通过分析教材表 1–5，找出普通 V 带轮的槽角与槽型的关系。

（5）V 带轮的结构形式有四种，要让学生通过分析视图了解其结构，提高学生的读图能力，有助于其今后的学习和工作。为了便于学生学习，本教材同时提供了视图和立体图。教师要引导学生重点分析视图，在看不懂时才可借助立体图分析视图。

（6）V 带轮属于机械中经常见到的零件，让学生了解 V 带轮的材料还是很有必要的，教师要让学生结合金属材料与热处理课程中所学到的知识分析 V 带轮的材料，培养学生学以致用的意识。

3. V 带传动的主要参数

（1）在讲解 V 带传动的传动比计算公式时，可由带传动的传动比计算公式引入，重点分析传动比与基准直径的关系。

（2）小带轮包角的计算公式让学生了解即可，不必过多地花费时间讲解公式的来源。

（3）通过分析带速，让学生进一步认识 V 带传动的打滑现象和传动比不准确的事实。

4. 普通 V 带传动的应用特点

任何传动都有优缺点，无论是优点还是缺点，都与传动机构的结构和材料有关。教学中，要结合 V 带及带轮的结构、材料等分析 V 带传动的特点，要让学生先理解后记忆。

5. V 带传动的安装与维护

（1）任何运动装置都具有不安全性，所以必须设置防护装置。通过教学，让学生具有安全防护意识，在实训和生产实践中，不要触摸运动中的零部件，以免发生意外事故。

（2）强调：V 带要成组更换。要让学生自己去分析原因，找到答案。

6. V 带传动的张紧方法

（1）在分析张紧装置时，要结合结构简图分析原理，引导学生看懂视图。通过分析视图，想象零件的结构和形状。看懂了视图，也就自然明白了张紧原理。可结合 AR 教学资源进行教学，让学生通过观看 AR 教学资源提供的立体模型进一步了解装置中各零部件的结构。

（2）张紧轮的安装涉及松边、紧边的概念。要使学生清楚哪个边是松边，哪个边是紧边。带传动工作时，由于摩擦力的作用，带进入主动轮的一边被拉紧，称为紧边；带被主动轮送出的一边则有所松弛，称为松边。判别紧边、松边关键是以主动轮上带的进入或送出来区分的。有的学生会将松边和紧边错误地理解为 V 带的下（或上）边一定是松边，上（或下）边一定是紧边。在设计 V 带传动装置时，带传动（带轮轴线水平安装）的上边一般为松边，这主要是考虑当带经过一定时间的运转产生变形后，松弛的传动带不会接触到防护罩或机壳。但是，如果采用张紧轮，松边在下侧更好些，因为重力的存在使张紧轮的工作更加可靠。

§ 1–3　同步带传动

一、教学目标

1. 了解同步带和同步带轮的结构与类型。
2. 掌握同步带传动的主要参数和同步带的标记。
3. 了解同步带传动的特点和应用。

二、教学重点和难点

1. 教学重点

同步带传动的主要参数和同步带的标记。

2. 教学难点

同步带的主要参数和同步带的标记。

三、教学建议

1. 教学引入

近年来，同步带传动得到了越来越广泛的应用。要充分利用AR教学资源，让学生了解同步带传动的结构和工作原理。要让学生通过网络资源了解同步带传动在实际生产中的应用，提高他们对同步带传动的认识。

2. 同步带

同步带的类型和型号较多，教学中要注意分类，可引导学生绘制如图1–1所示的思维导图，以方便学生记忆。

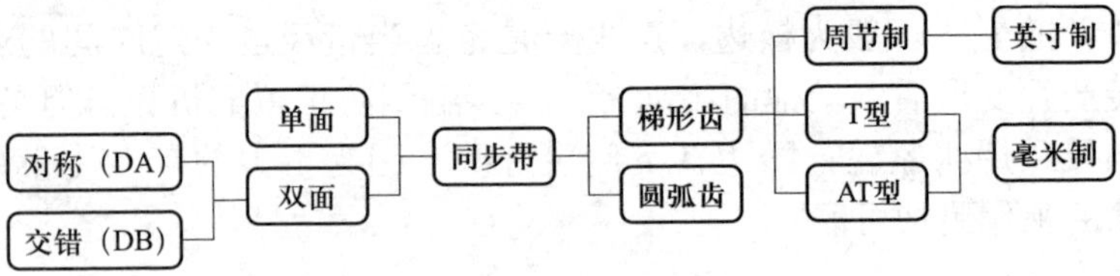

图1–1　同步带的类型和型号

3. 同步带轮

同步带传动的应用场合比较广泛，同步带轮也需要根据使用场合的不同而选择不同的材料，让学生结合金属材料与热处理课程所学的知识分析不同材料的用途，尼龙、橡胶、POM聚甲醛塑料（赛钢）等非金属材料的知识可让学生借助网络资源进行学习。

4. 同步带传动的主要参数

在讲授同步带传动的参数时，要结合图例讲解概念。

5. 同步带的标记

在介绍同步带的标记时，要结合相关的国家标准进行讲授，让学生在掌握同步带标记的同时学会查阅国家标准。

6. 同步带传动的特点和应用

在分析同步带传动的特点时，要注意分析原因，并与V带传动对比讲解。

（1）工作时无滑动，有准确的传动比

同步带传动是一种啮合传动，虽然同步带的带齿和带背是弹性体，但由于其承受负载的芯绳具有在拉力作用下不伸长的特性，故能保持带节距不变，使带与轮齿槽能正确啮合，实现无滑差的同步传动，获得精确的传动比。

（2）传动平稳，噪声低

同步带传动无打滑现象，因此比 V 带传动平稳，同步带也具有缓冲、减振能力，因此同步带传动机构的噪声低。

（3）传动效率高，节能效果好

由于同步带做无滑动的同步传动，因此有较高的传动效率。它与 V 带传动相比，有明显的节能效果，采用同步带传动可获得较高的经济效益。

（4）传动比范围大，结构紧凑

同步带传动的传动比一般可达到 10 左右，而且在大传动比的情况下，其结构比 V 带传动紧凑。因为同步带传动是啮合传动，其带轮直径比依靠摩擦力来传递动力的 V 带轮要小得多。此外，由于同步带不需要大的张紧力，使带轮轴和轴承的尺寸都可减小。所以与 V 带传动相比，在同样的传动比下，同步带传动具有较紧凑的结构。

（5）维护及保养方便

由于同步带中的芯绳采用伸长率很小的玻璃纤维、钢丝等材料制成，因此在运转过程中带伸长很小，不需要经常调整张紧力。

（6）在恶劣环境条件下能正常工作

在具有灰尘杂质、水和腐蚀介质的恶劣工作环境下，链条易生锈、磨损，V 带会打滑，而同步带传动却能适应这些环境。由于它是啮合传动，在有雨水的情况下不会打滑，而且水是橡胶良好的润滑剂，反而可减少带的磨损。在有灰尘杂质时，由于同步带带齿进入带轮轮槽时将挤压原来留在轮槽内的空气，使受压的空气向轮槽两侧排出，这种空气挤压将同时起到清理啮合表面及带走灰尘杂质的作用，从而减少了同步带的磨损。此外，同步带具有较高的耐腐蚀性和耐热性，在高温、有腐蚀性气体存在的情况下仍能正常工作。

四、补充资料

1. 平带传动

平带传动是指由一条平带与两个或多个带轮组成的摩擦传动，平带的工作面与带轮的轮缘表面接触，如图 1–2 所示。平带传动结构简单，带轮容易制造，在传动中心距较大的场合应用较多。

平带一般由数层挂胶帆布黏合而成，有包边式和开边式两种。普通平带的抗拉强度较大，预紧力保持性能较好，耐湿性较好，但承受过载的能力较小，耐热、耐油性较差。普通平带的长度可根据需要截取，然后将其端部连接起来。

平带轮（见图 1–3）的轮冠截面形状是规则对称曲线，在中部带有一段直线部分，并且直线部分与曲线部分相切，直线部分的宽度不大于轮宽的 40%。

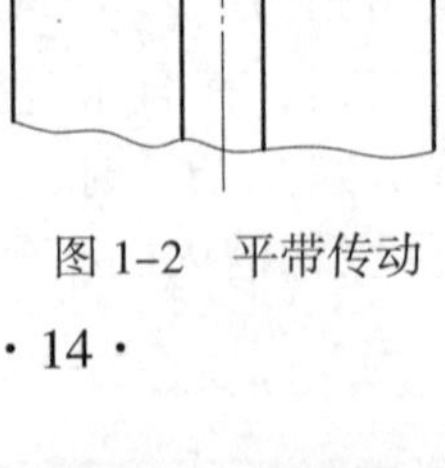

图 1–2　平带传动

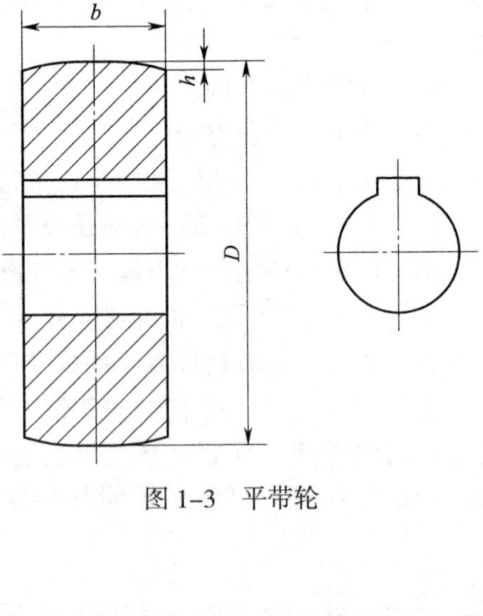

图 1–3　平带轮

2. 圆带传动

圆带传动如图 1–4 所示，圆带的横截面形状为圆形，其抗拉强度高，耐磨性好，易安装，使用寿命长。圆带传动通常应用于小功率场合，如包装机、印刷机、纺织机械等机器中。

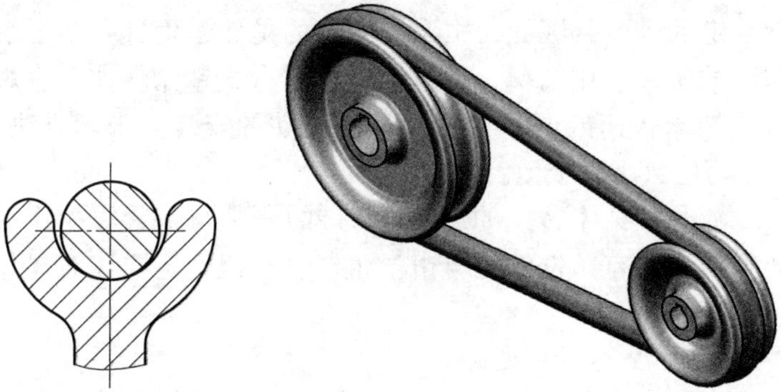

图 1–4　圆带传动

§ 1–4　实训——调节台式钻床转速

一、教学目标

1. 掌握 V 带传动的调速原理。
2. 掌握台式钻床转速的调节方法。

二、教学重点和难点

1. 教学重点

（1）V 带传动的调速原理。

（2）台式钻床转速的调节方法。

2. 教学难点

台式钻床转速的调节方法。

三、教学建议

1. 实训目的

（1）在前面已经学习了带传动的安装、张紧和维护等相关知识。由于课堂教学理论性强，比较抽象，学生理解及掌握起来有一定的难度，因此，本实训的目的是使学生进一步了解已学知识的实际应用情况，通过实际调节台式钻床转速，直观了解台式钻床转速的调节方法及V带传动的安装、张紧方法等，提高学习的兴趣和成效。

（2）台式钻床转速的调节、V带的安装与张紧等操作主要由教师演示，有条件的也可由学生练习，但一定要注意操作安全。

2. 调小V带轮中心距

（1）强调安全生产的重要性。

（2）指出：不能用锤子或其他硬物直接敲击电动机。

3. 调整V带位置

（1）强调不能用手直接扳动V带，以防伤手；必须单人操作，其他人员禁止扳动V带轮。

（2）指出：用于撬动V带的工具必须缠绕胶带或安装塑料套管，以防损伤V带和V带轮。

4. 张紧V带

强调：等到将台式钻床的防护罩安装好后，才可以试运行。

四、补充资料

台式钻床安全操作规程

1. 操作前要做好准备工作，具体如下：

（1）按规定加注润滑脂。检查手柄位置，进行保护性运转。

（2）检查工作服穿戴情况并扎紧袖口。女同学和长发男同学必须戴工作帽，并将头发塞入帽内。

（3）严禁戴手套操作，以免被钻床旋转部分铰住而造成事故。

2．安装钻头前需仔细检查钻套，钻套标准锥面部分不能有碰伤和凸起处，如有，应用油石将其修好并擦净后才可使用。拆卸时必须使用标准楔铁。

3．装卸钻头要用夹头扳手，不得用敲击的方法装卸钻头。

4．未得到指导教师的允许不得擅自开动钻床。钻孔时不可用手直接拉切屑，也不能用嘴吹或用棉纱清除切屑，头部不能与钻床旋转部分靠得太近，禁止用手把握未停稳的钻头或钻夹头。操作时只允许一人进行。

5．钻孔时工件装夹应稳固，特别是在钻薄板工件、小工件、扩孔或钻大孔时，装夹更要牢固，严禁用手把持工件进行加工。孔即将钻穿时，要减小压力与进给速度。

6．钻孔时严禁在开机状态下装卸工件，利用机用虎钳夹持工件钻孔时，要扶稳机用虎钳，防止其掉落砸脚。钻小孔时，压力相应要小，以防止钻头折断，飞出伤人。

7．清除切屑要用毛刷等工具，不得用手直接清理。工作结束后，要对机床进行日常保养，切断电源，搞好场地卫生。

第二章　链　传　动

学时分配表

章节内容	建议学时
§ 2–1　链传动概述	0.5
§ 2–2　滚子链传动	1.5
合计	2

链传动在教材中虽然所占篇幅较少，但它起到承前启后的作用。与带传动相比，链传动也是具有中间挠性件的传动机构；与齿轮传动相比，链传动同样具有啮合传动的特点。因此，在教材的处理和讲授方面要注意各章节的相互联系。

本章从日常生活中最常见的摩托车入手，引入链传动的概念，阐述链传动的应用特点，对最常用滚子链的结构、主要参数以及标记进行了较为详尽的介绍。

§ 2–1　链传动概述

一、教学目标

1．了解链传动的组成、工作原理和应用特点。

2．掌握链传动的传动比计算方法。

二、教学重点

链传动的传动比计算。

三、教学建议

1. 链传动及其传动比

（1）链传动在人们的日常生活和生产实践中应用非常广泛。教师可以让学生借助网络资源找出生活或生产中链传动的应用实例。教师也可以展示相关图片和视频，让学生了解链传动的种类和应用。

（2）在学习链传动前，要引导学生思考同步带传动中带与带轮之间的啮合关系，自然过渡到链传动中。通过教具或多媒体的演示，让学生思考：

1）同步带传动与链传动有何异同?

2）链传动是如何来传递运动和动力的?

3）链传动能否保证准确的瞬时传动比?

（3）在教学过程中，教师不要急于给出答案。让学生带着问题，带着兴趣去学习链传动。

（4）链传动由主动链轮、链条和从动链轮组成，在本教材（或其他教材）的图示中，主动链轮为小轮，从动链轮为大轮，这与实际生产中的大多数情况是一致的，但这样有可能会给学生造成误解：主动链轮就是小轮。因此，在教学中要讲解清楚主动链轮的概念，让学生明白“主动链轮既可以是小轮，也可以是大轮。小轮带大轮是减速，大轮带小轮是增速”。对于这一结论，教学中教师可以让学生根据传动比计算的结果得出，用直观的数据说明减速传动和增速传动的概念。

【例】

1）已知链传动的平均传动比 i_{12}=3，主动链轮齿数 z_1=17，从动链轮转速 n_2=100 r/min，则从动链轮齿数 z_2 和主动链轮转速

n_1 各是多少？（z_2=51，n_1=300 r/min）

2）已知链传动的平均传动比 i_{12}=1/3，主动链轮齿数 z_1=51，从动链轮转速 n_2=100 r/min，则从动链轮齿数 z_2 和主动链轮转速 n_1 各是多少？（z_2=17，$n_1 \approx$33.33 r/min）

对比计算结果可以得出结论：i>1 时，是减速传动；0<i<1 时，是增速传动。

2. 链传动的应用特点

（1）在分析链传动的应用特点时要注意与带传动进行比较。

（2）通过比较，让学生归纳总结：链传动能在低速、重载和高温等不良环境中工作以及能保持准确的平均传动比。这是链传动最为鲜明的两个特点。

在学习其他机械传动时，也要注意引导学生归纳、总结各机械传动在应用方面的个性特点，这有助于学生在进行机械设计时选择机械传动的类型，对学生今后的发展具有十分重要的意义。

§ 2–2 滚子链传动

一、教学目标

（1）了解滚子链的结构、主要参数和标记。

（2）了解滚子链链轮的结构。

（3）掌握链传动的润滑、维护与保养。

二、教学重点和难点

1. 教学重点

（1）滚子链的结构、主要参数以及标记。

（2）链传动的润滑、维护与保养。

2. 教学难点

滚子链的结构。

三、教学建议

1. 滚子链

（1）滚子链传动是最常用的链传动形式，在生产和生活中经常遇到。教学时，要结合实际进行教学，可根据自行车链条（滚子链）的实物或图片进行分析讲解。这样既有利于教学的实施，也可提高学生的学习兴趣。

（2）对滚子链结构的讲授，可通过 AR 教学资源让学生观察滚子链的结构和接头形式，并分析滚子链各零件之间的结合形式，要让学生重点分析各零件之间的配合关系。有条件的学校，可让学生拆装滚子链传动机构，培养学生的动手能力。

（3）教师可以展示单排滚子链的结构图，让学生指出内链板、外链板、销轴、套筒和滚子在图上的位置，分析其结构。

（4）教师可以提出以下问题让学生思考：

1）销轴与外链板之间是否有相对运动？

2）套筒与内链板之间是否有相对运动？

3）销轴与套筒之间是否有相对运动？

4）滚子与套筒之间是否有相对运动？

教师总结：销轴与外链板、套筒与内链板之间分别采用过盈配合连接，不能有相对运动；销轴与套筒、滚子与套筒之间为间隙配合，能自由转动。内链板与外链板之间能相对转动。

教师最后给出结论：滚子与链轮轮齿之间主要是滚动摩擦。

（5）自行车的链条接头多为弹簧夹形式。让学生分析自行车链条采用弹簧夹接头形式有什么优点，通过对这一问题的讨论，得出结论：拆装方便，安全可靠。以此培养学生理论联系实际的能力，激发学生学习的积极性和主动性。

（6）展示开口销接头和过渡链节接头的立体图，让学生了解其结构。

（7）让学生对比分析三种滚子链接头形式的优缺点，培养学生分析机械结构的能力。

（8）在实际生产中会遇到更换滚子链的情况，所以，认识滚子链的标记非常重要。教师可以让学生通过查阅国家标准识读滚子链的标记。在让学生认识滚子链标记的同时，增强标准化意识，培养学生遵循国家标准的习惯。

2. 滚子链链轮

重点分析链轮的齿形，首先强调齿廓由三段圆弧组成，以保证其与链条滚子的良好接触。其次强调链轮材料应保证轮齿有足够的强度和耐磨性，让学生结合金属材料与热处理的知识分析链轮的材料及其热处理工艺。

3. 链传动的润滑

机械的润滑非常重要，链传动的润滑装置与齿轮传动的润滑装置有很多相似的地方。教学中要强调润滑的重要性，让学生结合生活和生产实践分析润滑方式及其应用场合。

4. 链传动的维护与保养

要让学生比较链传动和带传动维护与保养的异同，结合自行车使用过程中掉链子的现象，重点强调链的松紧度要适宜。通过分析链传动时弹簧锁片的受力情况，强调弹簧锁片的开口应朝着运动的相反方向。

5. 齿形链传动

近年来，齿形链传动的应用越来越广泛。但是，鉴于篇幅所限，本教材只对齿形链传动做了简单介绍。教学时，教师可根据学生的专业和本地的实际情况补充介绍相关内容。也可以将其作为课后拓展学习内容，让学生利用网络资源进行学习。

四、补充资料

1. 关于链传动的传动比

链传动无弹性滑动和打滑现象，当链条与链轮啮合时，在传动区域部分的链折成正多边形。因为链传动具有多边形特点，故在传动时会产生多边形效应，即传递运动的速度不均匀。当主动链轮匀速转动时，链条的速度、从动链轮的速度（角速度）以及链传动的瞬时传动比都会周期性地变化。因此，链传动只能保持准确的平均传动比。平均传动比是指一个周期的传动比平均值，在链传动中，前一周期的传动比平均值与后一周期的传动比平均值是相等的。

2. 关于滚子链的链板

滚子链的链板制成“∞”字形，目的是使各剖面的抗拉强度接近相等且能减轻链条的质量及运动时的惯性。

3. 关于链轮

小链轮轮齿的啮合次数比大链轮轮齿的啮合次数多，磨损、冲击大，为使两链轮的使用寿命接近，故小链轮材料的强度和齿面硬度均要高于大链轮材料。

第三章　螺纹连接和螺旋传动

学时分配表

章节内容	建议学时
§3-1　螺纹的基本知识	1
§3-2　螺纹标记	1
§3-3　螺纹连接	1
§3-4　螺旋传动	1
合计	4

本章从螺纹的种类和应用入手，以普通螺纹为例说明螺纹的主要参数，对常用螺纹的代号进行了归纳，首先阐述了螺纹连接与防松的知识，然后介绍螺旋传动，并对螺旋传动移动距离的计算进行分析和举例说明。

教学中，教师应了解机械制图等课程中有关螺纹的教学内容、教学要求和教学进度，以便能更好地把握对螺纹的种类和应用、螺纹的主要参数和螺纹的代号标注等内容的教学。

螺纹连接是本章的重点之一，在教学中，要注意与螺纹的画法密切相连，结合机械制图的内容进行教学。螺旋传动也是本章的重点，要使学生了解普通螺旋传动的应用形式，能列举生产中普通螺旋传动的应用实例，能理论联系实际。理论联系实际是本章的教学要求，也是整本教材的教学要求。对差动螺旋传动的理解以及差动螺旋传动活动螺母移动距离的计算和方向的确定是本章的教学难点，要结合 AR 教学资源的动画演示详细讲解。

桌虎钳是一个非常典型的教学实例，其上螺纹连接和螺旋传动的种类很多，有螺钉连接、螺杆和螺母连接等螺纹连接，还有单动螺旋传动和双动螺旋传动两种螺旋传动形式。教师要运用 AR 教学资源展示其结构和工作过程，分析其工作原理。有条件的学校可以让学生进行拆装实训，培养学生的动手能力。

§ 3–1　螺纹的基本知识

一、教学目标

1. 了解螺旋线的概念以及螺纹的形成，掌握螺纹的种类。
2. 掌握螺纹的主要几何参数。
3. 了解常用螺纹的结构特点与应用。

二、教学重点和难点

1. 教学重点

（1）螺纹的种类。

（2）螺纹的主要几何参数。

2. 教学难点

螺纹的主要几何参数。

三、教学建议

1. 螺旋线的概念

（1）螺纹的基本知识在机械制图、极限配合与技术测量基础等教材中都有所介绍，教师要了解学生对该知识的掌握情况，有的放矢地进行教学。

（2）教师可以在圆柱上包上一张直角三角形的纸，以形成螺旋线模型，如图 3–1 所示。运用模型让学生认识螺旋线的空间形状，分析左、右螺旋线的区别。

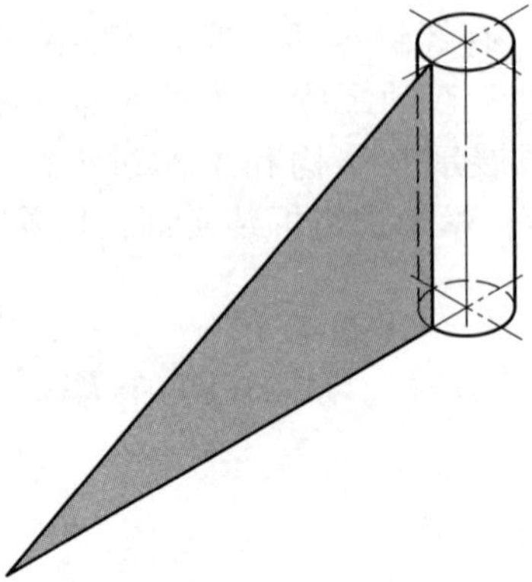

图 3–1　螺旋线的形成

（3）左旋螺旋线和右旋螺旋线的概念非常重要，其内容不但涉及螺纹，而且涉及斜齿轮、蜗杆和蜗轮的知识。教学中不但要让学生懂得概念，还要能判断螺旋线的旋向。

2. 螺纹的形成

重点分析圆柱内（外）螺纹，也可根据学生所学专业介绍圆锥螺纹。可展示一些螺纹的实物，加深学生对螺纹的认识。

3. 螺纹的种类

螺纹的种类繁多，一次让学生记住也不现实。可以先让学生记住普通螺纹、管螺纹和传动螺纹这三大螺纹类别，其他知识在后面的教学中再让学生结合具体的实例进行学习。

4. 螺纹的主要几何参数

（1）学生在机械制图课中已经学习了螺纹的大径、小径、中径和公称直径的概念，教师要了解学生对知识的掌握情况，对学生已经掌握的知识采用温故知新教学法，可以通过提问巩固学生所学知识，也可以让学生查阅机械制图教材等相关资料，培养学生查阅资料的能力。对于学生未掌握的知识，则引导学生通过分析螺纹的结构理解概念。

（2）螺距和导程是螺纹两个重要的几何参数，教师要引导学生通过分析结构掌握导程、螺距和线数之间的关系，以便在后面螺旋传动的计算中应用。

（3）螺纹、斜齿轮、蜗杆和蜗轮的牙或轮齿都是沿着螺旋线形成的，其判别方法也类似。学生可以根据螺纹（斜齿轮、蜗杆和蜗轮）可见部分倾斜方向判别旋向，也可以用左右手法则判别旋向，要让学生通过练习熟练掌握这两种方法。

（4）旋转物体是顺时针转动还是逆时针转动，与观察者相对旋转物体的位置有关。教材中所叙述的“右旋螺杆旋入螺孔时沿顺时针旋转，左旋螺杆旋入螺孔时沿逆时针旋转”是指观察者从螺孔的外侧正对着螺孔观察时螺杆的旋转方向。

（5）掌握螺纹牙型角和牙侧角的概念有助于学生学习螺纹的加工和检测知识，所以，不但要让学生掌握牙型角和牙侧角的概念，而且要让学生明白掌握牙型角和牙侧角概念的意义，以提高学生的学习兴趣。

5. 常用螺纹的结构特点与应用

（1）要注意讲清楚粗牙普通螺纹与细牙普通螺纹的区别。同一公称直径的普通螺纹可以有多种螺距，其中螺距最大的为粗牙螺纹，其余的为细牙螺纹，所以，同一公称直径的细牙普通螺纹可能有一种，也可能有多种。教学时，可以结合国家标准《普通螺纹 基本尺寸》（GB/T 196—2003）进行讲解，培养学生的标准化意识。

（2）要结合螺纹的种类分析结构，加深学生对螺纹种类的理解和记忆。

（3）螺纹的应用与螺纹的牙型有很大关系，要结合牙型分析应用，让学生在理解的基础上综合记忆螺纹的种类、牙型和应用。

§ 3–2 螺 纹 标 记

一、教学目标

1. 掌握普通螺纹、梯形螺纹和锯齿形螺纹的标记方法。

2. 了解管螺纹的标记方法。

二、教学重点和难点

1. 教学重点

普通螺纹的标记方法、梯形螺纹和锯齿形螺纹的标记方法。

2. 教学难点

普通螺纹的标记方法。

三、教学建议

1. 普通螺纹的标记

（1）普通螺纹的标记在机械制图课中已经有所介绍，教师可以展示普通螺纹的标记（如 M12–7g–L–LH），让学生解释标记的含义，以便让学生回忆所学的知识。

（2）普通螺纹标记的规定比较多，在课堂上让学生完全记住比较困难。可以让学生结合教材理解相关内容，通过典型标记记忆相关规定。

（3）多线普通螺纹不常用，其尺寸代号可只做简单介绍。

（4）讲授螺纹公差带代号的标记要说清楚以下几点：

1）中径公差带代号在前，顶径公差带代号在后。

2）中径和顶径公差带代号相同时，只标注一个公差带代号。

3）螺纹公差精度分为精密、中等、粗糙三个等级，具体见国家标准《普通螺纹　公差》(GB/T 197—2018)。在中等公差精度的螺纹中，有四种情况不标注其公差带代号（见教材表 3–2），这四种情况是中等公差等级中最常用的，并不是所有中等公差等级的螺纹都不需要标注公差带代号。

2．梯形螺纹和锯齿形螺纹的标记

梯形螺纹和锯齿形螺纹与普通螺纹的标记方法有许多相同的地方，教学中要注意比较两者的异同。

3．管螺纹的标记

（1）管螺纹的种类较多，教学中要尽量让学生记住各种管螺纹的特征代号。

（2）要让学生明白并记住：管螺纹没有公称尺寸，管螺纹的尺寸代号只是一个表示螺纹和管子尺寸特征的代号，不是管螺纹的任何尺寸，相关尺寸需要通过查阅国家标准得出。

§3–3　螺 纹 连 接

一、教学目标

1．了解常用螺纹紧固件的结构。
2．掌握螺纹连接的类型、特点和应用。
3．了解螺纹连接的预紧与防松。

二、教学重点和难点

1．教学重点

螺纹连接的类型、特点和应用。

2．教学难点

螺纹连接的预紧与防松。

三、教学建议

1. 螺纹紧固件

（1）对学生来说，螺纹紧固件并不陌生，教师可展示相关图片，让学生说出其名称，并对其在生活和生产中的应用展开讨论。

（2）教师要结合普通螺纹的标记方法介绍螺纹紧固件的标记，让学生能看懂标记的内容。

（3）教师在讲授垫圈的标记时，可以让学生查阅相关标准，弄明白标记的含义。通过让学生查阅标准，使其懂得标准件的标记方法在相应的国家标准中都有介绍，并以此培养学生查阅国家标准的习惯和能力。

2. 螺纹连接的类型和应用

螺纹连接在机械制图课中已有所介绍，机械制图课重点介绍其画法，机械基础课重点介绍其结构特点和应用。教学中，教师要了解学生对知识的掌握情况，引导学生分析结构特点及应用。

3. 螺纹连接的预紧与防松

（1）通过小组讨论的方式分析控制螺纹连接预紧力的重要性和方法。

（2）教学中要结合机械制图知识让学生看懂相关视图，让学生在看懂图的基础上分析防松的方法。

（3）在分析机械防松时，要重点分析防松元件的结构。

四、补充资料

螺纹连接的装配技术要求

（1）紧固螺钉、螺栓和螺母时严禁打击或使用不合适的旋具与扳手。紧固后，螺钉槽、螺母以及螺钉和螺栓头部不得有损伤。

（2）有规定拧紧力矩要求的紧固件，应采用力矩扳手紧固；

未规定拧紧力矩的螺栓，一般依靠生产实践经验将其拧紧。

（3）同一零件用多个螺钉或螺栓紧固时，各螺钉或螺栓需按一定顺序逐步拧紧，如有定位销，应从靠近定位销的螺钉或螺栓开始拧紧。

（4）用双螺母时，应先装薄螺母，后装厚螺母。

（5）螺钉、螺栓和螺母拧紧后，一般螺钉、螺栓应露出螺母 1 ~ 2 个螺距。

（6）螺钉、螺栓和螺母拧紧后，其支承面应与被紧固零件贴合。

（7）沉头螺钉拧紧后，钉头不得高出沉孔端面。

§3–4　螺 旋 传 动

一、教学目标

1．掌握普通螺旋传动的分类和运动形式，能判定普通螺旋传动的运动方向。

2．掌握普通螺旋传动直线移动距离的计算方法。

3．了解差动螺旋传动的种类和应用，了解差动螺旋传动活动螺母移动距离的计算及方向的判别。

4．了解滑动螺旋副的材料及热处理，了解滑动螺旋传动的润滑。

5．掌握滚动螺旋传动的工作原理，了解滚动螺旋传动的防护与润滑，了解滚动螺旋传动的特点及应用。

二、教学重点和难点

1．教学重点

（1）普通螺旋传动的分类和运动形式，普通螺旋传动运动方向的判定。

（2）普通螺旋传动直线移动距离的计算。

（3）滚动螺旋传动的工作原理。

2. 教学难点

差动螺旋传动活动螺母移动距离的计算及方向的判别。

三、教学建议

1. 普通螺旋传动

（1）普通螺旋传动是本章的教学重点，要使学生了解普通螺旋传动的应用形式，能列举生活和生产中普通螺旋传动的实际应用。可以让学生理论联系实际，分析生活和生产实践中遇到的普通螺旋传动的实例。

（2）为了便于学生记忆普通螺旋传动的类型，本教材引入了单动螺旋传动和双动螺旋传动的概念。

单动螺旋传动：螺杆或螺母有一件不动，另一件既旋转又移动。

双动螺旋传动：螺杆和螺母都做运动。

教学中，教师要让学生先掌握螺旋传动的两种类型，然后再分析它们各自的运动形式。

（3）在教学过程中，教师可展示普通螺旋传动机构的相关图样，让学生分析：

1）是螺母在动还是螺杆在动？

2）是单动还是双动？

3）是旋转还是移动？

4）该结构的工作原理是什么？

（4）在判断螺杆或螺母的移动方向时，要让学生记住分析的步骤：首先判断螺纹的旋向，其次确定用左手法则还是用右手法则，最后分清是单动还是双动。

2. 差动螺旋传动

（1）旋向相同的差动螺旋传动是分析的重点，教师展示教材图 3-15，让学生分析：

1）螺杆上的螺纹旋向是否相同？

2）螺杆上的螺距是否相同？哪部分的螺纹螺距大？哪部分的螺纹螺距小？

3）哪个螺母固定不动？哪个螺母移动？

4）逆时针旋转螺杆时，螺杆向哪个方向移动？活动螺母向哪个方向移动？

5）螺杆移动的距离与活动螺母移动的距离是否相同？谁移动的距离大？为什么？

（2）在分析旋向相同的差动螺旋传动活动螺母移动距离的计算公式时，要先分析螺杆的移动距离，再分析活动螺母相对于螺杆的移动距离，最后推导出计算公式，让学生在理解的基础上记忆。

3. 滑动螺旋副的材料及热处理

教学中教师要结合实例分析螺旋副的受力和摩擦情况，要让学生通过了解螺旋副的工作状况，结合金属材料与热处理课所学的知识，分析螺杆和螺母所使用的材料。

4. 滑动螺旋传动的润滑

对滑动螺旋传动机构进行润滑是实际生产中经常遇到的问题，教学中可以结合学生生产实习中使用的设备和生活中遇到的实例介绍润滑的方式和润滑油的选择。

鉴于篇幅所限，润滑油的种类和性能在教材中未做介绍，教师可根据专业需要进行介绍，也可以让学生上网查询获得润滑油的相关知识。

5. 滚动螺旋传动

（1）在分析滚动螺旋传动的工作原理时，可播放相关视频或让学生观看 AR 教学资源，理解其工作原理。

（2）滚动螺旋传动的特点和应用可以让学生上网查询，自己总结，以此培养学生的自学能力。

1）滚动螺旋传动的摩擦阻力如何？传动效率如何？为什么？

2）滚动螺旋传动是否平稳？运动是否灵活？为什么？

3）滚动螺旋传动的结构尺寸、制造成本与普通螺旋传动有什么不同？

4）滚动螺旋传动还有哪些教材上没有列举的优点？

5）滚动螺旋传动有哪些主要应用？

（3）滚动螺旋传动的防护直接影响着设备的使用寿命，教师要结合生产实际介绍防护措施。对机械设备维修专业及其他相关专业的学生，教师可补充介绍防护装置的结构。

（4）滚动螺旋传动的润滑也非常重要，教师可以结合设备的维护与保养介绍润滑方式，达到学以致用的目的。

四、补充资料

1. 滚珠丝杠的工作特点

滚珠丝杠是将旋转运动转化为直线运动，或将直线运动转化为旋转运动的产品。滚珠丝杠由螺杆、螺母和滚珠组成，由于其具有很小的摩擦阻力，滚珠丝杠被广泛应用于各种工业设备和精密仪器中。其主要特点如下：

（1）与滑动丝杠副相比驱动力矩小

由于滚珠丝杠副的丝杠与螺母之间有很多滚珠在做滚动运动，因此能得到较高的传动效率。与滑动丝杠副相比，在达到同样运动结果时所需的动力，滚动丝杠副所需的驱动力矩为滑动丝杠副的 1/3，具有一定的节能效果。

（2）能保证高精度

滚珠丝杠副是用最高精度的机械设备连贯生产出来的，特别是在研磨、组装、检验各工序的生产环境方面，对温度、湿度进行了严格的控制，通过完善的品质管理体制使精度得以充分保证。

（3）实现微进给

滚珠丝杠副是利用滚珠传递运动和动力的，所以启动力矩极小，不会像滑动螺旋传动那样出现爬行现象，能保证实现精确的微进给。

（4）无侧隙，刚度高

滚珠丝杠副可以加预压力，由于预压力可使轴向间隙达到负值，因此可得到较高的刚度。

（5）可以实现高速进给

由于滚珠丝杠运动效率高，发热量小，因此可实现高速进给（运动）。

2. 润滑及作用

机械中的可动零部件在压力下接触而做相对运动时，其接触表面间就会产生摩擦，造成能量损耗和机械磨损，影响机械运动精度和使用寿命，因此需要对运动的零部件进行润滑。润滑主要有以下几种作用：

（1）减小摩擦，减轻磨损

加入润滑剂后，在摩擦表面形成一层油膜，可防止金属直接接触，从而大大减少了摩擦损失和机械功率的损耗。

（2）降温冷却

摩擦表面经润滑后其摩擦因数大为降低，使摩擦发热量减少；当采用润滑油循环润滑时，润滑油流过摩擦表面带走部分摩擦热，起散热降温的作用，保证了运转部位不会升温过高。

（3）防止腐蚀

润滑油、润滑脂的分子吸附在金属表面，能隔绝水分、潮湿空气对金属表面的侵蚀，起到防腐、防锈和保护金属表面的作用。

（4）冲洗、密封

可利用润滑剂的流动把摩擦表面间的磨粒或杂质带走，减轻磨损，以延长零件的使用寿命。同时，润滑剂能深入各种间隙，防止外来水分、杂质的侵入，起到密封的作用。

（5）缓冲减振

润滑剂都有在金属表面附着的能力，在运动副表面受到冲击载荷时，具有一定的缓冲减振能力。

3. 常用润滑剂

（1）润滑油

润滑油一般由基础油和添加剂两部分组成。基础油主要分矿物基础油、合成基础油和生物基础油三大类，其中矿物基础油应用最广泛。添加剂可改善润滑油的物理、化学性质，为润滑油赋予新的特殊性能，或加强其原来具有的某种性能，以满足更高的使用要求。常用润滑油的名称、牌号、性能和主要用途见表 3–1。

表 3–1　常用润滑油的名称、牌号、性能和主要用途

名称	牌号	运动黏度（40℃）/（$mm^2 \cdot s^{-1}$）	主要用途
L–AN 全损耗系统用油（GB/T 443—1989）	L–AN10 L–AN15 L–AN22 L–AN32 L–AN46 L–AN68	9 ~ 11 13.5 ~ 16.5 19.8 ~ 24.2 28.8 ~ 35.2 41.4 ~ 50.6 61.2 ~ 74.8	适用于一般润滑点或润滑系统及对润滑油无特殊要求的全损耗润滑系统，如机床、纺织机械、中小型电机、风机、水泵等各种机械的变速箱、手动加油转动部位、轴承等。不适用于循环润滑系统
涡轮机油（GB 11120—2011）	L–TSA32 L–TSA46 L–TSA68 L–TSA100	28.8 ~ 35.2 41.4 ~ 50.6 61.2 ~ 74.8 90.0 ~ 110.0	适用于汽轮机、发电机等高速、高载荷轴承和各种小型液体润滑轴承

续表

名称	牌号	运动黏度（40℃）/（$mm^2 \cdot s^{-1}$）	主要用途
工业闭式齿轮油（GB 5903—2011）	L-CKB100	90 ~ 110	在轻载荷下运转的闭式齿轮
	L-CKB150	135 ~ 165	
	L-CKB220	198 ~ 242	
	L-CKB320	288 ~ 352	
	L-CKC100	90 ~ 110	在正常油温或中等恒定油温和重载荷下运转的齿轮
	L-CKC150	135 ~ 165	
	L-CKC220	198 ~ 242	
	L-CKC320	288 ~ 352	
	L-CKC460	414 ~ 506	
	L-CKD150	135 ~ 165	在高的恒定油温和重载荷下运转的齿轮
	L-CKD220	198 ~ 242	
	L-CKD320	288 ~ 352	
	L-CKD460	414 ~ 506	

（2）润滑脂

润滑脂是一种黏稠的凝胶状半固体，强度高，能承受较大的载荷，而且不易流失，便于密封和维护，一次充脂可以维持较长时间，无须经常补充或更换。润滑脂主要用于机械的摩擦部位，起润滑和密封作用；也常涂抹金属表面，起填充空隙和防锈作用。

润滑脂主要由矿物油（或合成润滑油）和稠化剂调制而成。常用的润滑脂主要有钙基润滑脂、钠基润滑脂、锂基润滑脂、铝基润滑脂等，其中钙基润滑脂应用最广泛，它呈黄色，具有良好的抗水性，但耐热性能差。

（3）固体润滑剂

固体润滑剂呈粉末状，其材料有无机化合物、有机化合物、金属及金属化合物等，其中以石墨和二硫化钼应用最广泛。

第四章　齿 轮 传 动

学时分配表

章节内容	建议学时
§4-1　齿轮传动概述	1
§4-2　直齿圆柱齿轮传动	3
§4-3　其他齿轮传动简介	1
§4-4　齿轮的失效、材料与热处理	1
§4-5　齿轮的结构与齿轮传动的润滑	1
合计	7

齿轮传动是机器中最常见的一种机械传动，是传递动力和运动的一种主要形式，因此，本章在教材中占有较重的分量，在教材的处理和讲授方面要注意把握重点、难点和关键点。本章概念较多，原理性强，计算公式多，涉及面广，应多采用直观教学法和精讲多练教学法，由浅入深，详略得当。可先讲后练与边讲边练并举，要注意通过课堂练习巩固所学知识，切忌满堂灌。特别是对于“渐开线标准直齿圆柱齿轮的基本参数和几何尺寸计算”等重要内容要适当增加练习的时间，使学生能够举一反三，做到真正理解和掌握。

§ 4–1　齿轮传动概述

一、教学目标

1. 掌握齿轮传动的常用类型和齿轮传动的传动比计算方法。
2. 了解齿轮传动的应用特点。

二、教学重点和难点

1. 教学重点

（1）齿轮传动的常用类型。

（2）齿轮传动的传动比计算。

2. 教学难点

齿轮传动的传动比计算。

三、教学建议

1. 齿轮传动的常用类型

（1）齿轮传动在现实生活中应用广泛，实物较多，可通过实物直观教学，也可以让学生利用 AR 教学资源进行学习。

（2）展示教材表 4–1 中的各种齿轮传动图，让学生分析以下问题：

1）齿轮的安装轴线与齿轮传动的类型有什么关系？

2）齿轮轮齿的齿向如何？斜齿轮与直齿轮有什么不同？

3）锥齿轮与圆柱齿轮有什么不同？

4）交错轴斜齿圆柱齿轮传动与平行轴斜齿圆柱齿轮传动有什么不同？

2. 齿轮传动的传动比

（1）将齿轮传动与链传动进行比较，引导学生推导出齿轮传动的传动比计算公式。

（2）在讲解齿轮传动传动比的概念时，可以先告诉学生：齿轮传动的瞬时传动比是恒定的，这是齿轮传动的传动比与链传动的传动比之间的最大不同。要想实现齿轮传动的瞬时传动比恒定，对齿轮的齿廓形状必须有特殊要求，以便为下一节的教学做好铺垫。

3. 齿轮传动的应用特点

（1）在教学过程中可以设疑提问："为什么齿轮传动应用如此广泛？类型又如此之多？"（因为齿轮传动机构有许多独特的优点，如齿轮传动机构结构紧凑，传动平稳、可靠，传递功率大，机械效率高等），激发学生学习本章内容的兴趣。

（2）可以让学生到实习车间（机加工车间）或通过视频观察机床是怎样实现传动和变速的，在看的过程中，了解齿轮传动是许多机械设备中不可缺少的机械传动，也是机器中所占比重最大的传动形式。

（3）讲解齿轮传动的特点时，要紧密联系齿轮传动在机械工程中的实际应用，避免孤立地单纯罗列，尽可能使教学内容充实、生动。

（4）在教学中，教师可以补充说明：一对齿轮的传动比 i 不宜过大；否则，将增大传动装置的结构尺寸，并使两齿轮的工作状况差别增大。

四、补充资料

塑 料 齿 轮

齿轮的主要用途有两个：一是传递运动，二是传递动力。塑料齿轮不但可以用来传递运动，而且可以用来传递动力。塑料齿轮具有传动噪声低、可以吸振、可以自润滑、采用模具进行生产、加工效率高等优点，因此在齿轮行业中的应用也越来越广泛。塑料齿轮主要应用于电子产品、汽车配件、玩具、工艺品等产品中。

§ 4-2　直齿圆柱齿轮传动

一、教学目标

1．了解齿轮传动对齿廓曲线的基本要求，了解渐开线的基本知识，掌握渐开线齿廓的啮合特性。

2．掌握渐开线标准直齿圆柱齿轮各部分名称、基本参数和几何尺寸计算公式。

3．了解渐开线直齿圆柱齿轮正确啮合的条件。

二、教学重点和难点

1．教学重点

（1）渐开线齿廓的啮合特性。

（2）渐开线标准直齿圆柱齿轮各部分名称、基本参数和几何尺寸计算公式。

2．教学难点

（1）渐开线的基本知识。

（2）渐开线标准直齿圆柱齿轮的基本参数和几何尺寸计算公式。

三、教学建议

1．渐开线齿廓

（1）齿轮传动对齿廓曲线的基本要求

在齿轮上，最重要的部位是齿廓曲面，这是因为一对齿轮传动是依靠主动齿轮轮齿的齿廓推动从动齿轮轮齿的齿廓来实现的。对齿轮齿廓曲面的基本要求（传动平稳，承载能力强）其实就是对齿轮传动的基本要求。教学中建议引导学生思考以下问题：

1）V 带传动最大的缺点是什么？（传动比不准确）

2）链传动最大的缺点是什么？（瞬时传动比不准确）

通过分析带传动和链传动的缺点，提出齿轮传动要实现两个基本要求：传动要平稳，承载能力要强。让学生思考：齿轮的齿廓曲线应具有什么性质？应该是怎样的曲线？从而引出渐开线相关知识的内容。

（2）渐开线的形成

从理论上讲，可以作为齿轮齿廓的曲线是很多的。但在生产实践中，从设计、制造、安装和使用等方面考虑，对于定传动比传动的齿轮来说，目前采用的齿廓曲线主要有渐开线、摆线、圆弧线和抛物线等几种。而就动力传动齿轮而言，目前绝大部分的齿轮仍然采用渐开线作为齿廓曲线。这是因为渐开线齿廓具有许多独特的优点，而这些优点与渐开线的特性密切相关。教学时，应从渐开线的形成入手，分析渐开线的特性，为后面分析渐开线齿轮的传动特点打下基础。

1）讲述渐开线的形成时，可以利用一个渐开线展成仪（在一个基圆上缠绕一条线）进行讲解，并要求学生亲自动手试一试，以增强感性认识。也可以播放渐开线形成的动画，让学生理解渐开线的形成过程，培养学生的学习兴趣。

2）根据渐开线的形成过程，可以很自然地结合渐开线的形成图逐条讲解基圆、发生线和渐开线的概念。教学中，要让学生结合渐开线的形成图理解并牢记这些概念，以便为后面的学习打下基础。

（3）渐开线齿廓的啮合特性

考虑到学生的接受能力，教材没有对齿轮传动的啮合特性进行理论分析，而是直接给出了结论。教学中，教师可以播放齿轮工作的相关视频，或利用齿轮传动的模型进行演示，或让学生课后到机加工车间了解齿轮的工作情况，帮助学生理解渐开线齿廓的啮合特性。

2. 渐开线标准直齿圆柱齿轮各部分名称

（1）考虑到机械制图课先于机械基础课开设，教师可以采用温故知新教学法，展示齿轮的实物、模型或图样，让学生指出或标出齿轮各部分的名称，教师带领学生复习相关概念。

（2）在讲解过程中，要特别注意讲清楚分度圆的概念，指出分度圆是计算齿轮各部分尺寸的基准。

（3）分度圆和节圆是两个不同的概念。分度圆是指为计算方便所取的基准圆，该圆上的模数和压力角为标准值。节圆是齿轮啮合时存在的圆，在齿轮传动过程中，两个齿轮的节圆做纯滚动。当两个相啮合的标准齿轮的实际中心距等于标准中心距时，分度圆与节圆重合。为了降低学习难度，在教材中没有介绍节圆的概念，教师可以根据需要补充讲解。

（4）要让学生熟练掌握分度圆、齿顶圆、齿根圆及其他直齿圆柱齿轮上几何要素的位置，教学中要结合图样进行讲解。

3. 渐开线标准直齿圆柱齿轮的基本参数

（1）压力角

给出压力角的概念，结合教材图 4–4 分析压力角的计算公式，强调：国家标准规定，标准渐开线圆柱齿轮分度圆上的压力角 α=20°，但是有些情况下压力角也可以采用其他角度，如 22.5°、25°、14.5°、15°等。

（2）模数

1）模数是一个比较难理解的概念，要让学生明白，模数是为了便于设计齿轮而人为设置的一个参数，与齿距有直接关系，用于计算齿轮各部分尺寸。

2）通过分析模数对轮齿形状的影响，得出结论：模数越大，轮齿越大，承载能力越强。

（3）齿顶高系数

结合齿顶高的概念，给出齿顶高系数，强调：标准直齿圆柱齿轮的齿顶高系数为 1。

（4）顶隙系数

结合教材图 4–8 分析两个相啮合轮齿的相互位置关系，得出结论：齿根高应大于齿顶高。教师可以补充说明：顶隙可用于储存润滑油，以利于齿面的润滑。

4. 渐开线标准直齿圆柱齿轮的几何尺寸计算

（1）齿轮各部分的几何尺寸计算公式有很多，学生往往感到难以熟记。教学中要结合齿轮的图样进行讲解，让学生先理解后记忆。重点记住分度圆直径、齿顶高和齿根高的计算公式，其他公式重在理解。

（2）应用举例的教学以学生自学为主，让学生根据公式计算齿轮各部分的尺寸。

5. 渐开线直齿圆柱齿轮的啮合传动

（1）在介绍直齿圆柱齿轮传动的类型时，可展示齿轮外啮合传动与内啮合传动的图例和动画，让学生弄懂其传动原理，分析两齿轮的旋转方向及应用场合。

（2）考虑到学生的接受能力，本教材没有展开分析渐开线直齿圆柱齿轮正确啮合的条件，而是直接给出结果。教学中，可让学生只记忆其结果。

（3）在介绍齿轮的侧隙时，要先引导学生分析侧隙的用途，然后讲解获得侧隙的方法。

（4）在介绍直齿圆柱齿轮传动的特点时，教师要引导学生从齿轮的加工方法、轮齿的受力情况、相啮合轮齿的工作过程等方面进行分析。

（5）计算齿轮各部分尺寸的例题，可以作为学生的课堂练习。

§4-3 其他齿轮传动简介

一、教学目标

1. 掌握斜齿圆柱齿轮、齿条和直齿锥齿轮的结构。

2. 了解斜齿圆柱齿轮传动、齿轮齿条传动和直齿锥齿轮传动的特点。

3. 了解斜齿圆柱齿轮传动和直齿锥齿轮传动的正确啮合条件。

二、教学重点和难点

1. 教学重点

斜齿圆柱齿轮、齿条和直齿锥齿轮的结构。

2. 教学难点

斜齿圆柱齿轮齿廓的形成。

三、教学建议

1. 斜齿圆柱齿轮传动

（1）斜齿圆柱齿轮齿廓的形成是教学难点，教学过程中，要结合多媒体资源讲清楚斜齿圆柱齿轮渐开面的发生线与基圆柱轴线之间的关系，指出斜齿圆柱齿轮的齿面是渐开线螺旋面。

（2）让学生对比分析直齿圆柱齿轮和斜齿圆柱齿轮齿面接触线的异同。强调：直齿圆柱齿轮的齿面接触线是与轴线平行、与齿宽相等的直线，斜齿圆柱齿轮的齿面接触线是一条与轴线倾斜的直线，且其长度根据接触位置的不同而变化。

（3）由于斜齿圆柱齿轮的轮齿是螺旋齿，故其端面齿形和法面齿形是不同的。在制造斜齿圆柱齿轮时，刀具一般沿着齿轮的螺旋线方向进刀，在此情况下就必须按齿轮的法面参数选择刀具，因此，在生产中规定斜齿圆柱齿轮的法面参数为标准值。但在计算斜齿圆柱齿轮的几何尺寸时，却需要按其端面参数进行计算，因此，就必须建立斜齿圆柱齿轮法面参数和端面参数的换算关系。至于斜齿轮法面参数和端面参数的换算关系，可结合教材图 4–12 进行讲解。

（4）斜齿圆柱齿轮与直齿圆柱齿轮的区别主要在于斜齿圆柱齿轮的轮齿相对于轴线是倾斜的，而直齿圆柱齿轮的轮齿与轴线平行。前节阐述直齿圆柱齿轮传动具有许多优点，应用广泛，为什么要采用斜齿圆柱齿轮传动呢？对于这个问题，可利用多媒体课件或视频，对一对直齿圆柱齿轮传动与一对斜齿圆柱齿轮传动进行比较说明。两个直齿圆柱齿轮啮合时，由于其轮齿是沿整个齿宽同时进入接触，而后又同时分离的，易引起冲击、振动和噪声。当两个斜齿圆柱齿轮啮合传动时，两齿轮的轮齿先由齿的一端进入啮合，逐渐过渡到另一端而脱离啮合。这样的啮合方式减小了传动时的冲击、振动和噪声，提高了传动的平稳性。

（5）由于延长了每对轮齿的啮合时间，参与啮合的轮齿数量也相应得到了增加，从而提高了承载能力。因此，在高速、大功率传动中，斜齿轮传动获得了广泛的应用。

（6）在讲解斜齿圆柱齿轮正确啮合的条件时，要注意分析其与直齿圆柱齿轮的不同之处。之所以用法向模数和法向压力角作为正确啮合的条件，是因为它们取标准值。实际上，它们的轴向模数和轴向压力角也应该相等。

（7）教师可结合斜齿圆柱齿轮的结构分析：斜齿圆柱齿轮传动虽然有许多优点，但有一个轴向力的问题，而且轴向力是随着螺旋角的增大而增大的。为了限制轴向力不致过大，设计时就要限制螺旋角的大小。若要完全消除轴向力，则可采用人字齿轮传动。

2. 齿轮齿条传动

齿轮齿条传动在教材中只做了简单介绍，教学中用模型或AR教学资源介绍其结构和传动过程即可。

3. 直齿锥齿轮传动

（1）先让学生仔细观察直齿锥齿轮模型或观看AR教学资源的动画，启发学生思考：直齿锥齿轮与前面所讲的直齿圆柱齿轮有什么区别？再提出问题：直齿锥齿轮既然是锥体，就有大端和小端之分，并且只能以某一端的参数为标准值，应以哪一端的参数为标准值？此时指出，为了计算和测量的方便，通常取锥齿轮的大端参数作为标准值。结合一对直齿圆柱齿轮的正确啮合条件推出：一对直齿锥齿轮的正确啮合条件为两齿轮的大端法面模数和大端压力角应分别相等。

（2）锥齿轮分为收缩顶隙锥齿轮和等顶隙锥齿轮两种，一般情况下所说的锥齿轮是收缩顶隙锥齿轮。教学中可以根据专业需要补充有关内容。

四、补充资料

收缩顶隙锥齿轮和等顶隙锥齿轮

锥齿轮的齿高通常由大端到小端逐渐收缩，按顶隙的变化情况可将直齿锥齿轮分为收缩顶隙锥齿轮和等顶隙锥齿轮两种。如图4–1所示，收缩顶隙锥齿轮的顶锥、根锥和分锥具有同一顶点，故其啮合时顶隙由大端到小端逐渐缩小，这对小端轮齿强度和润滑都不利，因此收缩顶隙锥齿轮机构有被等顶隙锥齿轮机构取代的趋势。如图4–2所示，等顶隙锥齿轮的分锥和根锥共有同一锥顶，而顶锥的母线平行于配对锥齿轮的根锥母线且不与分锥共顶。顶隙沿齿宽方向不变，有利于储存润滑油，改善润滑状况。这种齿轮的小端齿高降低，强度提高。

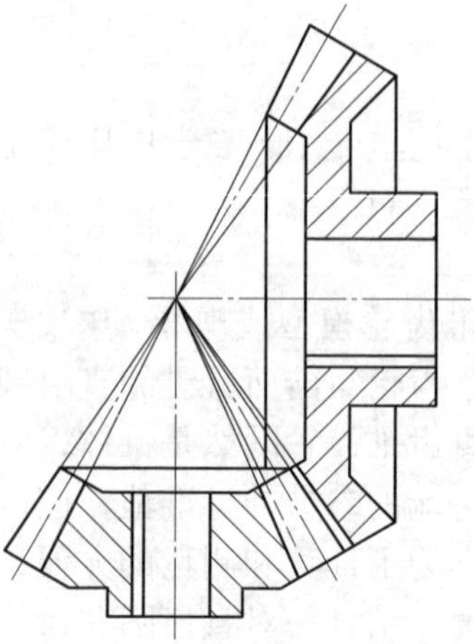

图 4–1　收缩顶隙锥齿轮

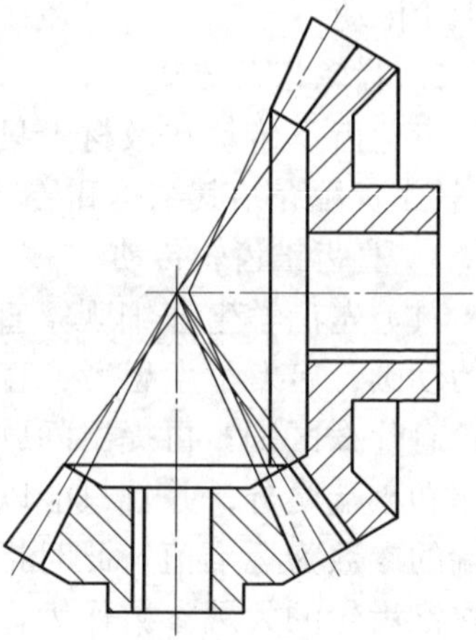

图 4–2　等顶隙锥齿轮

§ 4–4　齿轮的失效、材料与热处理

一、教学目标

1．掌握齿轮的失效形式、产生原因和预防措施。
2．了解齿轮的常用材料及热处理方式。

二、教学重点和难点

1．教学重点

齿轮的失效形式、产生原因和预防措施。

2．教学难点

齿轮的常用材料。

三、教学建议

1．齿轮的失效

（1）齿轮的失效主要有五种形式，即齿面点蚀、齿面磨损、齿面胶合、齿面塑性变形和轮齿折断。如果对照教材按部就班地进行讲授，学生可能会感到枯燥无味。建议采用实物、多媒体等形式，或实地参观生产车间，加强直观教学，提高学生对齿轮失效的认识和理解。

（2）可选用某一具体机械设备中的齿轮（如车床主轴箱中的齿轮），分析其工作状况、失效的原因和失效的形式。通过举一反三，使学生真正理解齿轮的失效。

（3）由分析轮齿的失效过渡到分析对齿轮材料的基本要求：齿面应有足够的硬度，以抵抗齿面磨损、点蚀、胶合以及塑性变形等；齿心应有足够的强度和较好的韧性，以抵抗轮齿折断和冲击载荷。

2. 齿轮常用材料

（1）齿轮常用的材料大都是普通的金属材料，教师要了解金属材料与热处理课的开设情况，了解学生对相关知识的掌握情况，有的放矢地进行教学。

（2）机械设备中齿轮常用的材料主要有锻钢、铸钢和铸铁，教师要结合齿轮的工作状况和生产工艺分析齿轮的材料，教师可以结合学生所学专业重点分析相关机械设备中齿轮的工作环境和材料，培养学生选材、用材的能力。

3. 齿轮的热处理

（1）首先要让学生熟悉表面淬火、渗碳后淬火、调质、正火、渗氮等热处理工艺过程和用途，然后结合齿轮的材料、工作状况分析齿轮所采用的热处理工艺。

（2）教师要结合齿轮的工作状况，讲解对齿轮材料的基本要求，然后提出问题让学生讨论：

1）齿轮一般用什么材料制造？采用什么热处理工艺？

2）结构尺寸较大的齿轮用什么材料制造？采用什么热处理工艺？

3）开式低速传动齿轮用什么材料制造？采用什么热处理

工艺?

4）低速重载的齿轮用什么材料制造？采用什么热处理工艺?

5）高速齿轮用什么材料制造？采用什么热处理工艺?

6）受冲击载荷的齿轮用什么材料制造？采用什么热处理工艺?

教师也可以将以上问题作为课后作业，让学生查阅相关资料，培养学生实际选用材料及热处理工艺的能力。

§ 4–5 齿轮的结构与齿轮传动的润滑

一、教学目标

1. 了解齿轮的结构。
2. 掌握齿轮传动的润滑方式。

二、教学重点和难点

1. 教学重点

齿轮传动的润滑方式。

2. 教学难点

齿轮的结构。

三、教学建议

1. 齿轮的结构

（1）V 带轮、链轮、齿轮的结构有许多类似的地方，除轮缘之外的部分大致相同。教学中，可以将这三种机械传动的传动零件进行对比讲解。

（2）在本教材中，在表达机械或零件的结构时，一般都是将视图和立体图同时给出。给出视图的目的是提高学生的识图能力，给出立体图的目的是降低学习难度。作为从事机械行业的技能人才，识图能力非常重要。教学中，为了注意培养学生的识图能力，教师可以先展示视图，让学生想象结构和形状，然后再展示立体图，让学生验证自己的想象。齿轮轮齿部分的画法属于机械制图课的内容，教师要了解学生对齿轮表示法的掌握情况，有的放矢地组织教学。

2. 齿轮传动的润滑

（1）润滑是机械设备维护与保养的重要内容，齿轮传动装置的正确润滑是保证机械设备正常运转的重要条件，教师必须重视该内容的教学。

（2）在讲解齿轮传动的润滑方式时，教师可根据学生生产实习中遇到的实际机械设备，有侧重地讲解相关内容。

（3）在讲解润滑油的选择时，可根据专业需要补充介绍润滑油的相关知识。

第五章　蜗 杆 传 动

学时分配表

章节内容	建议学时
§ 5–1　蜗杆传动概述	0.5
§ 5–2　蜗杆传动的主要参数、啮合条件与旋转方向判别	1.5
§ 5–3　蜗杆和蜗轮的结构、材料及润滑	1
合计	3

蜗杆传动是机械传动中的一种重要形式，其涉及的知识与齿轮传动既有共同点又有不同之处。本章从蜗杆减速器导入，对蜗杆传动进行了比较全面的介绍。

本章的重点是蜗杆和蜗轮的结构、工作特点及润滑，难点是对蜗杆和蜗轮主要参数的理解和蜗轮旋转方向的判定方法。教学时，应先让学生对蜗杆和蜗轮的结构有一个初步了解，然后通过介绍蜗杆传动的主要参数，分析蜗杆传动的旋向，加深学生对蜗杆传动的认识，结合机械制图的知识分析蜗杆和蜗轮的结构，结合金属材料与热处理的知识分析蜗杆和蜗轮所采用的材料，结合机械润滑的知识介绍蜗杆传动的润滑。

§ 5–1　蜗杆传动概述

一、教学目标

1．了解蜗杆传动的组成。
2．掌握蜗轮、蜗杆的结构。
3．了解蜗杆传动的特点。

二、教学重点和难点

1．教学重点

蜗杆和蜗轮的结构。

2．教学难点

蜗杆传动的特点。

三、教学建议

1．教学引入

（1）本节在教学时应尽可能地结合实物和模型，并充分利用 AR 教学资源进行直观教学。讲解过程中可结合学生在生产实习中遇到的实际情况进行阐述。有条件的，也可以组织学生到生产现场进行现场教学。

（2）通过让学生观摩蜗杆传动的工作过程得出结论：蜗杆传动用来传递空间互相垂直而不相交的两轴间的运动或动力，蜗杆传动可以得到很大的传动比。

（3）蜗杆传动属于齿轮传动大类中的一种，可以让学生对比分析蜗杆传动与交错轴斜齿圆柱齿轮传动的异同。

2．蜗杆

（1）蜗杆传动是由交错轴斜齿圆柱齿轮传动演变而来的。小齿轮的轮齿在分度圆柱面上缠绕一周以上，这样的小齿轮外形像一根螺杆，称为蜗杆。

（2）蜗杆的种类很多，本教材重点介绍了阿基米德蜗杆的结构，教学中，可根据需要补充介绍其他类型蜗杆的结构。在分析阿基米德蜗杆的结构时，要先让学生看懂图样，重点分析其轴向齿廓和法向齿廓的形状。

3. 蜗轮

结合蜗轮的实物图分析蜗轮的形状，让学生对比分析蜗轮与斜齿圆柱齿轮的结构，得出结论：蜗轮就像一个斜齿圆柱齿轮，斜齿圆柱齿轮的分度曲面、齿顶曲面和齿根曲面是圆柱面，而蜗轮的分度曲面、齿顶曲面和齿根曲面等为圆环面。这样可以使蜗轮将蜗杆的部分轮齿包住，使蜗轮和蜗杆的轮齿间为线接触，以便传递较大的动力。

4. 蜗杆传动的特点和应用

（1）要注意比较蜗杆传动与齿轮传动在应用特点上的异同。

（2）让学生结合蜗杆传动的立体图分析蜗杆传动为什么能获得很大的传动比，也可以让学生把蜗杆传动与螺旋传动进行比较分析。

（3）在分析为什么蜗杆传动具有“传动平稳，噪声低”这一特点时，要注意分析蜗杆和蜗轮轮齿间开始啮合到脱离啮合的过程。

（4）“传动效率低，磨损严重，易发热”是蜗杆传动的突出缺点，要让学生明白其产生的原因，为后面学习蜗杆和蜗轮的材料及蜗杆传动的润滑打下基础。

（5）通过分析蜗杆的结构和轮齿的受力情况让学生明白为什么蜗杆所受的轴向力较大。

§5-2 蜗杆传动的主要参数、啮合条件与旋转方向判别

一、教学目标

1. 了解蜗杆传动的主要参数和正确啮合条件。

2．掌握蜗轮旋转方向的判定方法。

二、教学重点和难点

1．教学重点

蜗轮旋转方向的判定方法。

2．教学难点

蜗轮旋转方向的判定方法。

三、教学建议

1．蜗杆传动的主要参数

（1）蜗杆传动的中平面

1）结合教材图 5–5 进一步分析蜗杆、蜗轮的结构和它们之间的位置关系，然后给出中平面的概念，分析中平面上蜗杆和蜗轮的齿形：蜗杆相当于齿条，蜗轮相当于渐开线齿轮。

2）强调国家标准的规定：蜗轮和蜗杆都以中平面上的参数为标准参数。

（2）模数 m

让学生思考：如果一对蜗杆与蜗轮正确啮合，蜗杆的什么模数与蜗轮的什么模数应该相等。

（3）压力角 α

结合教材图 5–5 分析蜗杆的轴向压力角和蜗轮的端面压力角，得出结论：蜗杆的轴向压力角和蜗轮的端面压力角应相等。

（4）蜗杆导程角

注意和螺纹的导程角进行比较分析，注意分析蜗杆导程角对传动产生了哪些影响。

（5）蜗杆分度圆直径

重点强调对蜗杆分度圆直径进行标准化的重要性。教学过程中，教师可以给出蜗杆的轴面模数，让学生查表得出其分度圆直径。

（6）蜗杆直径系数

要结合蜗杆轴向模数和分度圆直径进行讲解，查表与计算相结合。

（7）蜗杆传动的传动比 i

教师可以提出：蜗杆头数为 z_1，蜗轮齿数为 z_2，如何计算蜗杆传动的传动比？让学生结合齿轮传动的传动比计算公式，自己推导蜗杆传动的传动比计算公式。

（8）蜗杆和蜗轮的旋向

教师给出蜗杆和蜗轮的相关图样，让学生利用螺纹或斜齿轮旋向的判别方法判断蜗杆和蜗轮的旋向。

2. 蜗杆传动的正确啮合条件

教师提出下列问题，让学生思考：

（1）要组成一对正确啮合的蜗杆与蜗轮，应满足什么条件？

（2）模数、压力角和旋向有什么要求？

（3）为什么一对正确啮合的斜齿圆柱齿轮的旋向要相反，而蜗轮、蜗杆的旋向要相同？

3. 蜗杆和蜗轮旋向的判别

蜗杆、蜗轮、斜齿轮的齿和螺纹的牙都是沿着螺旋线方向形成的，所以其旋向判别也是相同的，教材中给出了多种判别方法，教学中可以让学生根据图形灵活运用。

4. 蜗轮旋转方向的判别

（1）要让学生知道蜗杆和蜗轮的旋向与旋转方向概念的不同。旋向指的是螺旋线的缠绕方向，分为左旋和右旋，与蜗轮或蜗杆齿的螺旋线旋向有关，与蜗轮或蜗杆的旋转无关。旋转方向指的是蜗轮或蜗杆的转动方向，分为顺时针转动和逆时针转动。

（2）蜗杆和蜗轮旋向判别的右手定则与旋转方向判别的左右手定则容易混淆，教师要让学生先熟练掌握前者，然后再讲解后者。

§5-3　蜗杆和蜗轮的结构、材料及润滑

一、教学目标

1．掌握蜗杆和蜗轮的结构。

2．了解蜗杆和蜗轮的常用材料。

3．掌握蜗杆传动的润滑方式。

4．了解蜗杆传动的散热方式。

二、教学重点和难点

1．教学重点

蜗杆和蜗轮的结构，蜗杆传动的润滑方式。

2．教学难点

蜗轮、蜗杆的材料。

三、教学建议

1．蜗杆和蜗轮的结构

（1）蜗杆轴的结构与齿轮轴类似，教学中可让学生将两者进行比较，分析其结构的异同。在教材图 5–9 中，蜗杆部分采用了局部剖视图表达轮齿的形状，教学中，要引导学生根据机械制图课所学的知识看懂蜗杆的视图。

（2）分析蜗轮的结构时，要注意分析组合式轮齿与轮心的结合形式。在让学生识读教材图 5–10b、c 时，要让学生看懂图中螺纹连接件的画法。

2．蜗杆和蜗轮的材料

（1）可以让学生分析：蜗杆传动和圆柱齿轮传动相比较谁的相对滑移速度大？蜗杆传动的相对滑移速度较大会导致什么

后果？这种工作状况对蜗杆和蜗轮的材料有什么要求？

（2）可以让学生查阅有关资料，思考以下问题：为什么蜗轮的轮齿要采用锡青铜、铝青铜等有色金属制造？在让学生了解了蜗轮如何选材后也就明白了蜗轮采用组合结构的原因。

3. 蜗杆传动的润滑与散热

（1）结合蜗杆传动时滑动摩擦的特点，分析发热和效率问题，提出加强润滑的要求和方法，强调润滑和散热的重要性。

（2）润滑与散热是分不开的，教师可以结合教材图 5–11 分析润滑与散热的方式。

（3）在讲述完蜗杆传动后，将已学过的带传动、链传动、齿轮传动和蜗杆传动的应用特点进行对比分析，如分析传动比的大小和准确性，传动效率的高低，传递功率的能力，结构是否紧凑，传动系统的振动、冲击和噪声情况，传动零件选用的材料，传动机构的润滑等。让学生通过比较得出结论：机械传动有多种形式，但各有所长，各有所短，应根据使用要求避其短，扬其长。

4. 蜗杆和蜗轮机构运动简图用图形符号

在教材表 5–2 中，蜗杆和蜗轮图形符号上的三条斜线表示旋向。教学时，可让学生结合习题册进行学习。

四、补充资料

各传动机构应用特点见表 5–1。

表 5–1　　各传动机构应用特点

传动类型	普通 V 带传动	同步带传动	链传动	齿轮传动	蜗杆传动
传动比准确性	不准确	准确	平均传动比恒定	瞬时传动比恒定	瞬时传动比恒定
传动比大小	平均传动比 $i \leqslant 5$	$i \leqslant 10$	平均传动比 $i \leqslant 8$	$i \leqslant 8$	$i=8 \sim 80$

续表

传动类型	普通V带传动	同步带传动	链传动	齿轮传动	蜗杆传动
振动、冲击和噪声情况	具有缓冲、减振能力，噪声低		有振动、冲击和噪声	有振动、冲击和噪声	传动平稳，噪声低
结构尺寸	大	紧凑	大	小	小
是否能过载保护	能	不能	不能	不能	不能
安装精度要求	不高	较高	不高	高	高
对环境的要求	不宜在高温、油污、有易燃易爆和腐蚀介质的场合下工作	可在不允许有污染和工作环境较为恶劣的场合下工作	能在低速、重载和高温条件下，以及油、酸污染等不良环境中工作	开式齿轮可安装在齿轮外露的场合，闭式齿轮安装在箱体内	安装在箱体内

第六章　轮　　系

学时分配表

章节内容	建议学时
§6–1　轮系分类及其应用特点	1
§6–2　定轴轮系的传动分析及相关计算	3
§6–3　实训——拆装单级齿轮减速器	4
合计	8

本章内容在教材中具有重要且特殊的地位：一是本章是对教材前几章机械运动方向和传动比计算的综合应用；二是本章计算量较大，对学生分析及计算能力要求较高。轮系内容涉及面广，不仅与教材中前几章的内容关系密切，而且还与其他机械专业的工艺与技能训练课内容相关，教学中要注重理论联系实际。可让学生观察金属切削机床中机械传动系统的组成，了解其工作原理，让学生对轮系有一个感性认识。

本章内容对学生综合分析、综合计算能力要求较高。在教学中，要注意把握重点、难点和关键点。建议多采用直观教学法和精讲多练教学法，先易后难，先简单后综合，逐一深化，特别要重视学生动手、动脑的训练。必要时，可设置习题课予以巩固。

§ 6-1　轮系分类及其应用特点

一、教学目标

1．了解轮系的概念和分类。
2．掌握轮系的特点。

二、教学重点和难点

1．教学重点
轮系的概念、分类和应用特点。

2．教学难点
周转轮系的概念、组成和工作原理。

三、教学建议

1．教学引入

展示三级齿轮减速器立体图，或利用 AR 教学资源介绍三级齿轮减速器的结构和工作原理，引出轮系的概念。

2．轮系的分类

关于轮系的分类，本教材只是对定轴轮系、周转轮系和混合轮系做了一些简要说明，后面没有再展开讲解，建议在教学中多举一些实际的例子，根据专业要求和学生的具体状况适当地加以补充和拓展。播放相关动画或视频，让学生利用 AR 教学资源观察定轴轮系、周转轮系、混合轮系的结构和传动情况，提高学生学习的积极性。

（1）定轴轮系

让学生结合实物或立体图分析定轴轮系的机构运动简图，熟悉齿轮在机构运动简图中的表达方法。通过识读定轴轮系的机构运动简图，看懂定轴轮系的传动路线，掌握识读机构传动系统图的方法。

（2）周转轮系

周转轮系是教学的难点，教师可以先播放周转轮系的视频，让学生熟悉周转轮系的组成，同时引起学生的学习兴趣；然后教师展示行星轮系和差动轮系的机构运动简图，让学生先分析行星轮系和差动轮系的自由度，再分析各齿轮和行星架的运动情况；最后得出结论：行星轮系只有一个自由度，差动轮系有两个自由度。

（3）混合轮系

教师展示教材图 6–4，让学生自己找出哪些是定轴轮系传动，哪些是周转轮系传动，让学生利用 AR 教学资源了解混合轮系的传动过程。

此外，齿轮在轴上的固定方式要引起教师的重视，教师要结合机构运动简图用图形符号分析齿轮的固定方法，为学生后面的学习打下基础。教学中，教师可结合相关机构运动简图提出以下问题：

1）齿轮在图上是如何表达的？轴在图上是如何表达的？

2）固定齿轮用什么符号？滑移齿轮用什么符号？空套齿轮如何表示？

国家标准规定，滑移齿轮的滑移符号采用细实线直线表示，细实线直线表示直线运动轨迹。

3. 轮系的应用特点

（1）教学中可采用问题引导教学法。教师可以结合相关图样提出以下问题：

1）如何利用齿轮传动获得大的传动比？

2）如何利用齿轮传动实现远距离传动？

3）如何利用齿轮传动实现变速？

4）如何利用齿轮传动得到需要的转向？

让学生针对教师提出的问题，结合相关的图例分析轮系的应用特点。

（2）在教材图 6–5、图 6–6 和图 6–8 的机构运动简图中，圆柱齿轮端面图用粗实线圆表示，教师要注意讲解其画法。

（3）在教材图 6–8 中，直线箭头和圆弧箭头表示运动方向，教师要结合图例讲解其含义。特别要讲清楚直线箭头表示齿轮前侧（靠近读者一侧）的线速度方向。

（4）汽车后桥差速器的传动原理比较复杂，建议教师先播放相关视频或利用 AR 教学资源演示其工作过程，然后让学生识读其机构运动简图。

4. 齿轮机构运动简图用图形符号

教师要结合本章的图例介绍齿轮机构运动简图用图形符号，要注意分析齿轮机构运动简图用图形符号中各基本符号的含义，例如，圆柱齿轮用什么符号表示，锥齿轮用什么符号表示，固连用什么符号表示，空套用什么符号表示，滑移用什么符号表示。

鉴于篇幅所限，教材中没有介绍斜齿轮的表示方法，教师可以让学生查阅国家标准《机械制图　机构运动简图用图形符号》（GB/T 4460—2013），培养学生查阅资料的能力。

§ 6–2　定轴轮系的传动分析及相关计算

一、教学目标

1. 掌握定轴轮系中各齿轮转向的判断方法。
2. 了解传动路线的判别方法。
3. 掌握定轴轮系传动比的计算方法。
4. 掌握定轴轮系应用实例运动参数的计算方法。

二、教学重点和难点

1. 教学重点

（1）定轴轮系中各齿轮转向的判断方法。

（2）定轴轮系的传动比计算方法。

2. 教学难点

各种齿轮传动机构的传动比计算。

三、教学建议

1. 定轴轮系中各齿轮转向的判断

（1）用标注箭头的方法判断齿轮转向直观、易懂，在实际教学中，建议让学生重点掌握这种方法。

（2）蜗轮旋向的判别是一个教学难点，教师要让学生复习上一章的左右手定则，指导学生进行判别。

（3）在绘制齿轮传动系统的机构运动简图时，一般将动力输入轴绘制在左侧，输出轴绘制在右侧；动力输入轴的转速标记为 n_1，输出轴的转速标记为 n_k。输入轴上的主动齿轮（或蜗杆等）编号为 1，齿数为 z_1，其余齿轮等按传动路线依次编号。若同一根轴上有多个齿轮时，由左至右依次编号，但所有这些并非硬性规定。绘制齿轮传动系统的机构运动简图时，应考虑传动系统的实际结构，并从方便读图的角度出发绘制传动系统图。在分析齿轮传动机构的传动系统图时，首先要让学生找到动力的输入轴和输出轴，然后分析传动路线。

2. 传动比

（1）传动路线分析

没有滑移齿轮的定轴轮系的传动路线只有一条确定的路线，比较简单，可以让学生自己分析，并绘制传动路线图，判断各齿轮的转向。

（2）传动比计算

教学中要注意讲解公式的推导，让学生在理解的基础上记忆。同时要让学生分析清楚哪些齿轮是主动齿轮，哪些齿轮是从动齿轮。

（3）惰轮的应用

教师可以给出相关图样，让学生自己计算传动比，并结合前面所学知识（惰轮可以改变从动齿轮的转向），自己总结惰轮的特性。教师可以提出以下问题：

1）惰轮对总传动比有无影响？

2）惰轮对输出轮的旋转方向有无影响？

3）惰轮有什么用途？

3. 定轴轮系应用实例的运动参数计算

（1）齿轮变速机构末轮转速的计算

教材图 6–19 所示的滑移齿轮变速机构中有一个三联滑移齿轮，教学中要先让学生找到三联滑移齿轮，了解三联齿轮的画法，分析滑移齿轮对传动路线和传动比的影响。相应的例题可以先让学生自己完成，再由教师结合学生出现的错误进行讲解。

（2）轮系末端为螺旋传动的移动速度和移动距离计算

对于轮系末端是螺旋传动的传动系统，实际上就是齿轮传动与螺旋传动的叠加，教师在推导公式时要注意讲清楚公式的推导过程，让学生先理解，后记忆。在教学过程中可让学生结合配套习题册中的相关练习进行学习。

（3）轮系末端是齿条传动的移动速度和移动距离计算

轮系末端是齿条传动的机构是齿轮传动与齿轮齿条传动的叠加，教师要注意对公式推导过程进行分析，同样可以采用讲练结合的教学方式。

§6–3　实训——拆装单级齿轮减速器

一、教学目标

1. 看懂单级齿轮减速器的有关技术资料，了解其工作原理。

2. 了解箱体、箱盖、轴和齿轮的结构，了解轴上零件的定位和固定方法。

3. 了解齿轮和轴承的润滑、密封方法，以及各附属零件的作用、构造和安装位置。

4. 熟悉减速器的拆装及调整的方法和过程。

二、教学重点和难点

1. 教学重点

减速器的拆装及调整的方法。

2. 教学难点

单级齿轮减速器的拆装及调整。

三、教学建议

1. 分析结构，拟定拆卸方案

（1）教师要引导学生养成分析图样的习惯，教师除了给学生提供单级齿轮减速器装配示意图外，还可以提供装配图，让学生充分了解单级齿轮减速器的结构和功能，也可以播放相关视频辅助教学。

（2）教学中要充分利用 AR 教学资源，让学生通过观看齿轮减速器拆装的视频，了解齿轮减速器的结构和工作原理。

（3）可以采用小组合作学习的方法，小组成员分工合作完成学习任务。

（4）可以让小组成员通过讨论拟定齿轮减速器拆装方案，培养学生制定工作方案的能力。

（5）拆卸前，要让学生观察齿轮减速器的外部结构，结合图样了解其内部结构，分析各零件的结构和用途。

2. 拆卸箱盖

（1）让每个小组派代表叙述拆卸箱盖的方案。

（2）重点强调：拆卸螺母时，要先拆卸定位销附近的螺母，再拆卸其他位置的螺母，要按照教材中提出的要求确定螺母的拆卸顺序，并按顺序进行拆卸。

（3）提醒学生注意安全，按要求摆放拆卸下来的零件。

（4）可以设立安全检查员和质量检查员，及时纠正学生拆卸过程中出现的问题。

（5）箱盖拆卸完毕，让学生仔细观察箱体内各零部件的结构和位置，并分析以下问题：各传动轴上有哪些零部件？传动轴如何进行轴向定位？

3. 拆卸齿轮轴组件和输出轴组件

齿轮轴和输出轴上的零件较多，要提醒学生防止透盖掉落，以免伤人或损坏零件。

说明：本次实训暂时不拆卸齿轮轴组件和输出轴组件上的齿轮和滚动轴承等。

4. 装配减速器

（1）要求学生在熟悉装配步骤后才可以进行减速器的装配。

（2）减速器安装完毕，要组成检查组对减速器的安装情况进行检查。

5. 课题考核

（1）要让学生将全部拆卸过程进行拍照，同时完成本次实训的课题报告。

（2）教师可以对学生每组完成情况进行整体考核。考核过程可以让学生参与，培养学生的实际工作能力。

四、补充资料

1. 齿轮减速器拆装步骤

（1）准备工作

1）识读图样和相关资料，了解齿轮减速器的结构。

2）分析齿轮减速器的工作原理，找出齿轮轴和输出轴。

3）了解齿轮减速器各零件的名称、形状和用途。

4）准备拆卸工具。

（2）拆卸步骤

1）拆卸定位销。

2）拆卸螺栓、螺母和垫圈。

3）拆卸箱盖。

4）观察箱体内各零件的结构和位置。

5）拆卸齿轮轴组件和输出轴组件。

6）取下透盖，拆卸闷盖。

（3）装配步骤

1）清洗、擦拭零件。

2）将齿轮轴组件、输出轴组件和透盖等装到箱体中。

3）调整轴的位置，安装闷盖和调整环等。

4）安装箱盖。

5）安装定位销。

6）安装螺栓、垫圈和螺母等。

7）检验装配质量。

2. 拆装齿轮减速器实训报告书

实训报告书

班级：　　　　姓名：　　　　　　　　日期：

实训课题	拆装齿轮减速器
实训目的	
实训任务	

实训记录	
准备工作	1．齿轮减速器主要由哪些零件组成？ 2．齿轮减速器是如何工作的？ 3．箱体和箱盖是如何定位及连接的？ 4．拆卸齿轮减速器需要哪些工具？
拆卸减速器	1．简述拆卸步骤。 2．齿轮轴上装配了哪些零件？ 3．输出轴上装配了哪些零件？ 4．齿轮轴和输出轴如何在箱体中轴向定位？

装配减速器	1. 简述装配过程。 2. 简述整理现场的过程。
实训体会	

第七章　平面连杆机构

学时分配表

章节内容	建议学时
§7–1　平面连杆机构概述	0.5
§7–2　铰链四杆机构的组成及分类	1.5
§7–3　铰链四杆机构的演化机构	1
§7–4　平面四杆机构的基本性质	1
合计	4

本章通过对生活和生产实践中实例的分析，深入浅出地阐述了铰链四杆机构的组成、演化和基本性质。学生对铰链四杆机构基本类型的掌握情况将直接影响对铰链四杆机构的演化和基本性质的理解，所以，教学中要注意打好基础，步步深入，教师应引导学生结合生活和生产实践中的实例进行学习。

§7–1　平面连杆机构概述

一、教学目标

1. 掌握平面连杆机构的概念。

2. 了解平面连杆机构的特点。

二、教学重点和难点

1. 教学重点

平面连杆机构的概念。

2. 教学难点

识读门座式起重机起重机构的机构运动简图。

三、教学建议

1. 平面连杆机构的概念

（1）平面连杆机构在生产和生活中非常常见，教学中可以先展示包含平面连杆机构的机器（如挖掘机、铲土机、起重机等）或生活遇到的平面连杆机构（如汽车雨刮、车窗的开闭机构等），先让学生对平面连杆机构有一个感性认识。

（2）利用 AR 教学资源展示门座式起重机，让学生了解其结构和工作过程，展示门座式起重机起重机构的结构简图，分析其工作原理。

（3）结合绪论中的知识介绍平面连杆机构机构运动简图的绘制方法。让学生明白：平面连杆机构构件的形状多种多样，不一定是杆状，但均可等效为杆状构件，因此，为了研究问题的方便，将构件简化为杆。

（4）指导学生绘制起重机构的机构运动简图，结合绪论中的知识介绍绘图的注意事项。

2. 平面连杆机构的应用特点

平面连杆机构的应用特点属于了解性内容，教学中结合实例做简单介绍即可。

§ 7–2　铰链四杆机构的组成及分类

一、教学目标

1. 了解铰链四杆机构的组成和类型。

2. 掌握曲柄摇杆机构、双曲柄机构和双摇杆机构的工作原理，了解其应用。

二、教学重点和难点

1. 教学重点

铰链四杆机构的组成和类型。

2. 教学难点

曲柄摇杆机构、双曲柄机构和双摇杆机构的工作原理。

三、教学建议

1. 铰链四杆机构的组成

（1）在平面连杆机构中，应用最广泛的是以转动副连接的铰链四杆机构。其中的曲柄摇杆机构是最典型的结构形式。教学时，可利用 AR 教学资源展示其结构和运动过程，让学生对曲柄摇杆机构的工作原理有一个感性认识。

（2）展示教材图 7–3，让学生分析各杆的运动情况：杆 4 固定不动，杆 1 做整周旋转运动，杆 3 做往复摆动。杆 2 用铰链与杆 1 和杆 3 连接，传递运动和动力。

（3）教师给出机架、连杆、曲柄、摇杆等的概念，让学生在图中找出相应的构件。

2. 铰链四杆机构的类型

（1）曲柄摇杆机构

1）使用 AR 教学资源播放曲柄摇杆机构的动画，让学生思考：该机构为什么叫曲柄摇杆机构。

2）在教材图 7–4 和图 7–5 中，绘制了表示运动方向的带箭头的弧线，其中带单箭头的弧线表示沿箭头所指方向的单向旋转运动，带双箭头的弧线表示往复摆动。可以让学生查阅国家标准《机械制图　机构运动简图用图形符号》（GB/T 4460—2013），了解各种机构运动简图用图形符号。

3）展示教材图 7–4，引导学生对曲柄摇杆机构的运动进行分析，找出摇杆的两个极限位置以及此时曲柄的位置，为后面学习铰链四杆机构的基本性质打下基础。教学中，要注意提醒学生分析曲柄和摇杆的运动方向。

4）要让学生注意分析曲柄位置和旋转方向与摇杆旋转方向的关系。教师可以利用 AR 教学资源给出曲柄的不同位置，让学生分析摇杆的运动方向。

5）使用 AR 教学资源展示教材图 7–5 的动画，让学生了解汽车雨刮的工作原理。

（2）双曲柄机构

1）重点分析不等长双曲柄机构，强调当主动曲柄做等速旋转时，从动曲柄做变速转动。

2）让学生利用 AR 教学资源观察不等长双曲柄机构的运动状态，分析双曲柄机构的运动与曲柄摇杆机构有什么不同。

3）展示教材图 7–6，引导学生分析：若主动曲柄 AB 做等速旋转，在曲柄由 AB 位置旋转到 AB_1 位置以及从 AB_1 位置旋转到 AB 位置两个时间段内，从动曲柄 CD 何时的平均运动速度快？

4）展示惯性筛的 AR 教学资源，让学生分析惯性筛的工作原理，思考问题：做往复移动的惯性筛朝哪个方向移动的速度快些？

5）展示教材图 7–8，让学生分析平行双曲柄机构的运动过程并思考：连杆 *BC* 的运动有什么特点？

6）展示教材图 7–9，让学生分析：托盘天平的托盘为什么能始终保持水平？

（3）双摇杆机构

1）双摇杆机构的主动件和从动件只能做摆动，在分析运动特点的同时要注意分析两个极限位置，为后面讲授死点位置打下基础。

2）展示教材图 7–11 的 AR 教学资源，让学生了解飞机起落架机构的工作过程。

§ 7–3　铰链四杆机构的演化机构

一、教学目标

1．掌握曲柄滑块机构的工作原理，了解其应用。

2．了解导杆机构、固定滑块机构和曲柄摇块机构的工作原理及应用。

二、教学重点和难点

1．教学重点

曲柄滑块机构的工作原理。

2．教学难点

导杆机构的工作原理。

三、教学建议

1．曲柄滑块机构

（1）播放曲柄滑块机构的动画视频或展示图样，让学生分析曲柄滑块机构的组成和工作原理。

（2）让学生利用 AR 教学资源认识内燃机活塞连杆组件的

工作过程，教师要重点介绍曲轴的结构，让学生明白：曲轴就是一个曲柄；然后展示内燃机活塞连杆组件的机构运动简图，加深学生对该机构工作原理的认识。

（3）让学生利用 AR 教学资源观看冲压机的工作过程，结合其机构运动简图思考问题：冲压机冲头做什么运动？它是如何实现的？

2. 导杆机构

（1）让学生利用 AR 教学资源观看教材图 7–15 的动画，思考问题：导杆机构是由什么机构演变而来的？如何进行演变？

（2）展示教材图 7–15，引导学生分析曲柄和导杆的运动情况，得出结论：曲柄和导杆都做整周的旋转运动。从而引出转动导杆机构的概念。

（3）让学生观看教材图 7–16 的 AR 教学资源，了解摆动导杆机构的工作原理。展示教材图 7–16，让学生分析摆动导杆机构与转动导杆机构的差异。

（4）在教学过程中，教师应注意处理好 AR 教学资源与机构运动简图的关系，即：利用机构运动简图分析结构，利用 AR 教学资源分析原理。

（5）教师可以用问题教学法引导学生学习导杆机构的应用实例，例如，在分析简易刨床结构原理图时，教师可以提出以下问题让学生思考：

1）主动杆在哪里？它做什么运动？

2）滑块做什么运动？

3）导杆做什么运动？为什么？

4）刨刀做什么运动？它是如何实现的？

3. 固定滑块机构

（1）先展示教材图 7–19，引导学生分析：滑块固定后，其他各杆做什么运动？然后让学生利用 AR 教学资源验证自己的分析。

（2）让学生利用 AR 教学资源了解手压抽水机的工作原理，然后结合其机构运动简图了解各杆的运动情况。

4. 曲柄摇块机构

（1）教师展示曲柄摇块机构的图样，或利用 AR 教学资源引导学生分析曲柄摇块机构的工作原理。让学生思考问题：机架在哪里？曲柄在哪里？摇块做什么运动？

（2）教师展示吊车升降机构的图样，同时让学生利用 AR 教学资源观看吊车升降机构的动画视频，并找出其中的曲柄、摇块等结构，分析吊车升降机构的工作原理。

§7-4　平面四杆机构的基本性质

一、教学目标

1. 掌握铰链四杆机构曲柄存在的条件。
2. 了解铰链四杆机构的急回特性和死点位置。
3. 了解平面四杆机构的死点位置。

二、教学重点和难点

1. 教学重点

铰链四杆机构曲柄存在的条件。

2. 教学难点

铰链四杆机构的急回特性。

三、教学建议

1. 铰链四杆机构曲柄存在的条件

（1）要让学生再一次明确曲柄的概念：曲柄是绕固定轴整周旋转的构件。教学中还要讲清楚，铰链四杆机构三种基本类型的区别在于机构中是否有曲柄存在。

（2）考虑到学生的接受能力，对于曲柄存在的两个条件，教材中只给出结果，而没有给出推导过程，教学中教师也不必做过多的理论分析。

（3）教师可以展示铰链四杆机构的图样，让学生找出最长杆、最短杆、连架杆、机架等，教师结合图样讲解曲柄存在的条件。

（4）展示教材表 7–1 中的图样，让学生分析结构，判断是否存在曲柄，属于哪种铰链四杆机构。

2. 急回特性

（1）展示曲柄摇杆机构的动画视频，或利用 AR 教学资源，让学生分析曲柄摇杆的运动情况，得出结论：摇杆来回摆动的速度不同。

（2）教师先展示曲柄摇杆机构的图样，分析摇杆的两个极限位置，然后分析在这两个位置上其他各杆的位置，特别是曲柄的位置，从而推导出结论：曲柄的转角大小不同，摇杆往返的平均速度也不同。

3. 死点位置

（1）曲柄摇杆机构的死点位置是摇杆的两个极限位置，教学中要结合前面的分析进行讲解。

（2）曲柄滑块的死点位置也是滑块的两个极限位置，教学中教师可以展示相关图样，提出问题：曲柄滑块机构是否有死点？在什么位置？死点会给机构带来什么问题？

（3）展示教材图 7–27，让学生分析内燃机活塞连杆机构的工作原理，找出死点位置，然后分析死点可能造成的后果，进而分析解决的方法。

（4）展示教材图 7–28，让学生分析折叠桌桌腿收放机构的工作原理。

第八章　凸 轮 机 构

学时分配表

章节内容	建议学时
§8–1　凸轮机构概述	1
§8–2　凸轮机构的类型及从动件端部形状	1
§8–3　凸轮机构工作过程及从动件常用运动规律	2
合计	4

凸轮机构在生活和生产中的应用非常广泛，特别是在自动机械、自动控制装置和装配生产线上都有广泛应用，如汽车、金属切削机床中都用到了凸轮机构。教学中要注意理论联系实际。讲解本章内容时，要利用AR教学资源，也可采用图片、视频和教具演示等形式，灵活使用让学生更容易掌握学习内容的教学方法。

§8–1　凸轮机构概述

一、教学目标

1．掌握凸轮机构的组成。

2．了解凸轮机构的特点和应用。

二、教学重点和难点

1. 教学重点

凸轮机构的组成。

2. 教学难点

凸轮机构的应用。

三、教学建议

1. 教学引入

（1）凸轮机构的种类有很多，各具特色，教学中建议综合利用AR、教具、实物、多媒体课件等教学资源，展示多种凸轮机构的工作过程以及凸轮机构的实际应用，提高学生学习凸轮机构的积极性，同时，加强学生对凸轮机构基本组成的认识。

（2）教材图8–1所示的凸轮接触器是一个相对比较简单的凸轮应用实例，教学中要注意引导学生分析各运动构件的运动情况。让学生带着以下问题看图：

1）凸轮在哪里？它做什么运动？

2）杠杆做什么运动？

3）凸轮在什么位置时动触头和静触头接触？

4）滚子有什么用途？弹簧有什么作用？

教师也可以再展示内燃机配气机构气门组件（见教材表0–4）的立体图或AR教学资源，让学生进一步认识凸轮机构的结构和功能。

2. 凸轮机构的组成及应用

（1）教师展示教材图8–2，先让学生了解凸轮机构的组成，然后分析凸轮的轮廓，再分析从动件的运动规律。得出结论：凸轮机构是由凸轮、从动件和支承它们的机架三个基本构件组成的高副机构。凸轮为主动件，其轮廓根据需要设计成不同形状。从动件可以根据需要得到预期的运动规律。

（2）教师展示与教材图 8–2 配套的 AR 教学资源，让学生观察凸轮机构的运动状态，引导学生总结：凸轮做等速连续转动，从动件做间歇的往复移动。教师要注意强调：工作中凸轮的轮廓与从动件之间必须始终保持接触，需借助重力、弹簧力等来实现。

（3）教师播放自动车床进给机构的 AR 教学资源，引导学生分析凸轮的结构和从动件的运动规律，并分析扇形齿轮和齿条的啮合情况。

（4）教师播放靠模车削机构的 AR 教学资源，引导学生分析该结构的凸轮与前面几种凸轮的形状和运动形式有什么不同。

3. 凸轮机构的特点

（1）重点分析凸轮机构运动规律与前面所学的几种机械传动有什么不同。

（2）让学生结合本节的几个图例分析：凸轮为什么只适用于传力不大的场合。

§8–2　凸轮机构的类型及从动件端部形状

一、教学目标

1. 掌握凸轮机构的类型。
2. 了解从动件端部形状。

二、教学重点和难点

1. 教学重点

凸轮机构的类型。

2. 教学难点

凸轮机构的特点和应用。

三、教学建议

1. 凸轮机构的类型

教材表 8–1 中的图例采用了机构运动简图的表达方法，教学中首先要让学生看懂图样，然后再分析工作原理。教学中，应注意将凸轮机构的机构运动简图和 AR 教学资源融为一体，让学生看到机构运动简图时能想象出构件的实际形状。

（1）盘形凸轮机构

先让学生利用 AR 教学资源进行学习，了解盘形凸轮的形状和从动件的运动规律；然后展示盘形凸轮机构的机构运动简图，让学生在看懂图样的基础上针对以下问题进行分析：

1）凸轮的轮廓曲线是什么形状？

2）凸轮旋转一周时，从动件是如何运动的？

（2）移动凸轮机构

让学生利用 AR 教学资源进行学习，了解凸轮的形状及其对从动件运动规律的影响，然后展示移动凸轮机构，让学生针对以下问题进行分析：

1）凸轮的轮廓曲线是什么形状？

2）凸轮往复移动一次，从动件如何运动？移动凸轮机构在凸轮移动时有没有静止不动的状态？

（3）圆柱凸轮机构

让学生利用 AR 教学资源进行学习，首先了解凸轮槽的结构，然后分析滑块的位置和从动件的运动规律。

（4）端面圆柱凸轮机构

让学生利用 AR 教学资源进行学习，首先了解端面凸轮的形状，然后分析从动件的运动规律。

2. 从动件端部形状

（1）教师给出相关图样，让学生分析结构，然后教师结合结构介绍各种从动件的名称。

（2）教师引导学生分析从动件的特点和应用，教师可以让学生从以下几个方面进行分析：

1）哪种从动件能准确地实现设计的运动规律？

2）哪种从动件容易磨损？哪种从动件能传递较大的动力？

3）哪种从动件容易润滑？

4）哪种从动件兼有尖端从动件和平底从动件的优点？为什么？

鉴于篇幅所限，教材中没有介绍凸轮和滚子的常用材料及热处理方法、凸轮和滚子的结构等内容，教学中，可以根据学生所学专业补充相关内容。

四、补充资料

凸轮和滚子的结构

1. 凸轮结构

（1）当凸轮的基圆较小时，可将凸轮与轴制成一体，称为凸轮轴，如图 8–1 所示。

图 8–1　凸轮轴

（2）当凸轮尺寸较小、无特殊要求或不经常装拆时，一般采用整体式凸轮，如图 8–2 所示，其加工方便，精度高，刚度高。

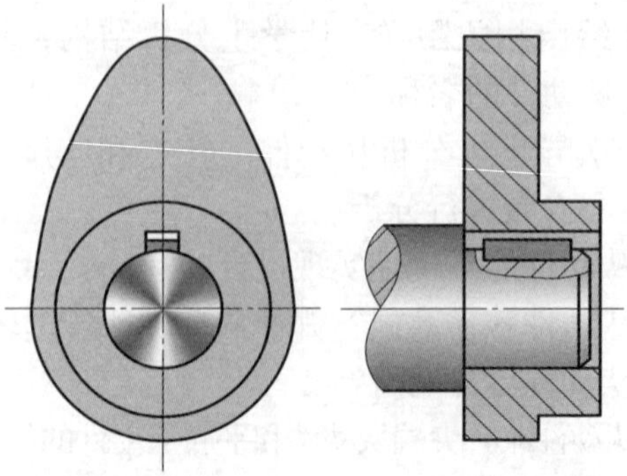

图 8-2 整体式凸轮

（3）对于大型、低速凸轮机构的凸轮或经常调整轮廓形状的凸轮，常采用凸轮与轮毂分开的组合式凸轮，如图 8-3 所示。

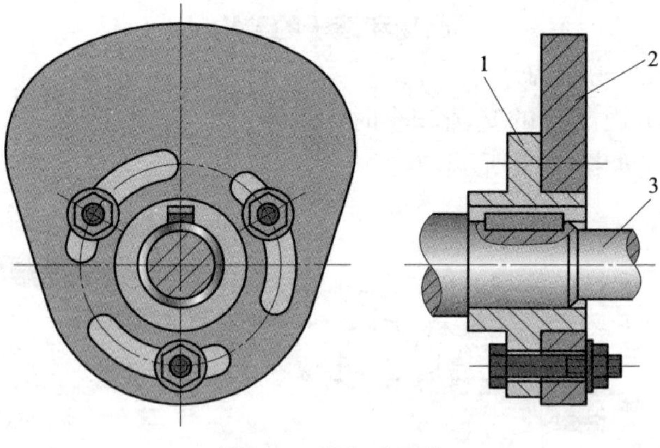

图 8-3 组合式凸轮

1—轮毂 2—凸轮 3—轴

2. 滚子结构

滚子从动件的滚子可以是专门制造的圆柱体，如图 8-4a、b 所示；也可以采用滚动轴承作为滚子，如图 8-4c 所示。

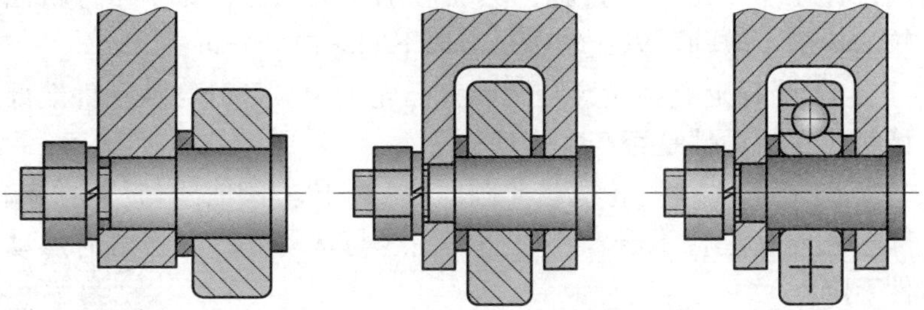

图 8–4　滚子结构

a）偏置的圆柱滚子　b）对称布置的圆柱滚子　c）用滚动轴承作为滚子

§8–3　凸轮机构工作过程及从动件常用运动规律

一、教学目标

1．掌握凸轮机构的工作过程。

2．了解从动件常用的运动规律。

二、教学重点和难点

1．教学重点

凸轮机构的工作过程。

2．教学难点

从动件常用的运动规律。

三、教学建议

1．凸轮机构的工作过程

（1）从动件做“升→停→降→停”运动循环的凸轮机构是最典型的凸轮机构。教师在分析其工作过程时，先播放相关动画，让学生了解工作过程；然后展示相关图样，让学生分析凸轮的轮廓。教师可以让学生带着以下问题进行分析：

1）凸轮上哪些轮廓是圆弧？凸轮上圆弧部分与从动件端部接触时，从动件是否产生运动？

2）凸轮上哪些轮廓是非圆曲线？哪段非圆曲线与从动件端部接触时从动件上升？哪段非圆曲线与从动件端部接触时从动件下降？

（2）教师分别展示“升、停、降、停”四种工作状态的图样，让学生分析从动件的运动情况。

（3）该内容的概念较多，教师要注意结合图样进行讲解。

2. 从动件常用的运动规律

（1）在教学中，要特别强调凸轮轮廓形状、从动件运动规律、机器工作要求三者之间的关系：凸轮轮廓形状（即凸轮的轮廓曲线）是根据从动件所要求的运动规律设计的；对于从动件运动规律的要求不同，就需要设计出具有不同形状轮廓曲线的凸轮。从动件的运动规律取决于机器的工作需要。

（2）教材图 8–5 的位移曲线与教材表 8–3 的凸轮机构的工作过程是一致的。教学中，可以将其联系到一起进行讲解。

（3）在分析凸轮机构的运动规律时，注意将凸轮的轮廓与位移曲线结合起来进行分析，找出位移曲线各关键点（拐点）在凸轮上的相应位置。

第九章　其他常见机构

学时分配表

章节内容	建议学时
§ 9–1　变速机构	2
§ 9–2　换向机构	2
§ 9–3　间歇运动机构	2
§ 9–4　实训——参观生产现场	2
合计	8

前面章节已经介绍了平面连杆机构和凸轮机构，本章将介绍变速机构、换向机构、间歇运动机构，这些机构主要用于实现车床、汽车等机器的变速或换向功能，也可以为食品生产流水线等设施提供间歇运动。除了教材介绍的这些机构外，在实际生产和生活中，还有大量不常用的机构和有特殊用途的机构，教师要引导学生平时多注意观察各种机构的工作特点和应用场合，比较各机构间的相同点和不同点。建议教师收集一些机械设备和汽车中的变速机构、变向机构等的实物、图片、视频等用于教学，以提高学生的直观印象。

§9–1　变 速 机 构

一、教学目标

1. 掌握塔轮变速机构、滑移齿轮变速机构和挂轮变速机构的工作原理，了解离合式齿轮变速机构和拉键变速机构的工作原理。

2. 了解滚子平盘式无级变速机构、钢球摩擦式无级变速机构和宽 V 带式无级变速机构的工作原理。

3. 了解各种变速机构的特点和应用。

二、教学重点和难点

1. 教学重点

塔轮变速机构、滑移齿轮变速机构和挂轮变速机构的工作原理。

2. 教学难点

塔齿轮变速机构、挂轮变速机构、钢球摩擦式无级变速机构的工作原理。

三、教学建议

1. 有级变速机构

（1）塔轮变速机构

1）分析塔带轮变速机构时，可以先展示台式钻床中的 V 带传动机构，让学生对塔带轮及其变速原理进行分析；然后展示教材图 9–1，介绍其传动特点。

2）分析塔齿轮变速机构时，可以先让学生通过 AR 教学资源分析结构，弄懂各零件的定位、连接形式和工作过程；然后指导学生看懂视图，分析塔齿轮变速机构具体的工作原理。教学时要注意将 AR 教学资源与机构运动简图有机结合，在让学生看懂工作原理的同时，提高读图能力。

（2）滑移齿轮变速机构

前面学生已经对滑移齿轮变速机构有所了解，建议在该内容的教学中主要引导学生利用 AR 教学资源自己分析变速原理。教学中，教师可以展示相关图样，让学生分析：双联滑移齿轮可以实现几种变速？三联滑移齿轮可以实现几种变速？

关于车床主轴变速箱传动系统工作原理分析的内容可以让学生自学。教学中，先让学生观看 AR 教学资源中的动画，分析其结构组成，了解其工作过程；然后结合教师提出的问题进行学习。

1）车床主轴变速箱的传动系统有几根安装齿轮的轴？

2）电动机的动力是如何传递到轴 I 上的？

3）哪些齿轮是固定的？哪些齿轮是滑移的？有没有空套齿轮？

4）该变速机构可以实现几种变速？

（3）离合式齿轮变速机构

学生此时还没有学习有关离合器的知识，教师先要结合教材图 9–5 简单介绍一下离合器及其工作原理，然后让学生利用 AR 教学资源进行学习。

（4）挂轮变速机构

挂轮变速机构在机床中应用非常广泛，教师先要结合教材图 9–6 介绍挂轮的含义；然后展示教材图 9–7，引导学生分析车床交换齿轮箱挂轮机构的组成；再利用 AR 教学资源让学生掌握其工作原理。要让学生弄清楚：对惰轮的位置有什么要求？如何调整及固定惰轮的位置？

（5）拉键变速机构

首先让学生利用 AR 教学资源进行学习，了解拉键变速机构的结构和工作原理，然后引导学生看懂图样，重点分析以下内容：

1）齿轮的啮合情况。

2）拉键的位移原理。

2. 无级变速机构

（1）滚子平盘式无级变速机构

该机构的结构比较简单，可让学生带着以下问题利用 AR 教学资源进行自学，并做以下结构和原理分析：

1）谁是主动件？谁是从动件？

2）如何计算传动比？

3）如何实现无级变速？

（2）钢球摩擦式无级变速机构

首先展示教材图 9–10，分析钢球摩擦式无级变速机构的组成，分析钢球与主动轴、从动轴和保持环之间的位置关系和运动关系；然后让学生利用 AR 教学资源分析增速和减速原理。

（3）宽 V 带式无级变速机构

展示教材图 9–11，引导学生分析以下问题：

1）哪个锥轮是固定的？哪个锥轮是可以做轴向移动的？

2）如何增大传动比？如何减小传动比？

§9–2 换向机构

一、教学目标

1. 掌握惰轮换向机构的工作原理。

2. 了解采用离合器的换向机构和滑移齿轮换向机构的工作原理。

二、教学重点和难点

1. 教学重点

惰轮换向机构的工作原理。

2. 教学难点

惰轮换向机构的工作原理。

三、教学建议

1. 惰轮换向机构

（1）让学生观看惰轮换向机构的 AR 教学资源，激发学生的学习兴趣。

（2）展示惰轮换向机构的图样，让学生分析其换向原理。

（3）让学生对比分析有两个惰轮的换向机构和有三个惰轮的换向机构的异同。

2. 采用离合器的换向机构

（1）双向摩擦式离合器的结构比较复杂，考虑到学生的接受能力，本教材没有做相关介绍。教学中，教师首先要简单介绍一下双向离合器的工作原理，然后解释双向摩擦式离合器图形符号的含义，也可以让学生查阅国家标准《机械制图　机构运动简图用图形符号》（GB/T 4460—2013），熟悉各种离合器的图形符号。

（2）展示教材图 9–14，让学生分析各齿轮与轴的连接情况，找出左、右两条传动路线。

（3）让学生思考，在轴 I 上某一侧的齿轮传递运动和动力时，另一侧的齿轮是否转动？轴 I 上两个齿轮的转向是否相同？

3. 滑移齿轮换向机构

滑移齿轮换向机构的结构比较简单，可以引导学生自己分析其换向原理。教学中，要提醒学生看懂图形符号。

§ 9–3　间歇运动机构

一、教学目标

1．掌握棘轮机构的组成和工作原理，了解棘轮机构的常见类型及应用。

2．掌握槽轮机构的组成和工作原理，了解槽轮机构的常见类型及应用。

3．了解不完全齿轮机构的工作原理。

二、教学重点和难点

1．教学重点

（1）棘轮机构的工作原理。

（2）槽轮机构的工作原理。

2．教学难点

槽轮机构的工作原理。

三、教学建议

1．教学引入

展示教材图 9–16，分析填砂自动线步进机构的工作原理，让学生对间歇运动机构的概念有一个初步了解。

2．棘轮机构

（1）棘轮机构的组成和工作原理

1）展示教材图 9–17，让学生看懂图样，分析棘轮机构的组成。

2）在教材图 9–17 中有三种带箭头的圆弧，带单箭头的圆弧表示单向旋转运动，带双箭头的圆弧表示往复摆动，带单箭头的圆弧折线表示间歇单向旋转运动。要提醒学生通过看带箭头的符号分析构件的运动方向。

3）让学生观看 AR 教学资源中的动画和视频，分析齿式棘轮机构的工作原理。

（2）常见棘轮机构

1）齿式棘轮机构

①外啮合齿式棘轮机构。首先让学生通过 AR 教学资源了解各种外啮合齿式棘轮机构的结构和工作原理，然后教师展示其图样，让学生分析以下问题：主动件做什么运动？棘轮做什么运动？主动棘爪在什么情况下从棘轮轮齿上滑过？什么情况下推动棘轮转动？

②内啮合齿式棘轮机构。展示教材图 9–18，让学生分析其结构和工作原理，然后观看 AR 教学资源中的视频，加深对其工作原理的理解。

2）摩擦式棘轮机构。让学生结合 AR 教学资源看懂视图和工作原理，将外摩擦式棘轮机构与外啮合齿式棘轮机构的结构和工作原理进行对比分析，将内摩擦式棘轮机构与内啮合齿式棘轮机构的结构和工作原理进行对比分析。

（3）棘轮机构的特点

可以让学生结合以下问题自学：

1）棘轮机构有什么运动特点？

2）棘轮机构用于哪些场合？

3）齿式棘轮机构有哪些缺点？

4）摩擦式棘轮机构与齿式棘轮机构比较，有哪些优缺点？

（4）棘轮机构的应用实例

教师展示牛头刨床工作台间歇移动机构、自行车飞轮机构和提升机棘轮带式制动机构的图样，让学生分析其结构和工作原理，提高学生的读图能力和分析问题、解决问题的能力。

3. 槽轮机构

（1）槽轮机构的组成和工作原理

1）教师展示教材图 9–24，分析槽轮机构的组成。

2）让学生观看 AR 教学资源，了解槽轮机构的工作过程。

3）教师播放槽轮机构的工作动画，分析槽轮机构的工作原理。

（2）槽轮机构的常见类型和特点

首先让学生利用 AR 教学资源进行自学，然后教师展示各种槽轮机构的图样，让学生分析以下问题：

1）主动拨盘每旋转一周，圆销拨动槽轮运动几次？

2）槽轮与主动拨盘的转向相同还是相反？

4. 不完全齿轮机构

（1）教师展示不完全齿轮机构的图样，让学生分析以下问题：

1）主动齿轮上有几个轮齿？

2）从动齿轮上有哪些结构？

3）图示位置从动齿轮是否在转动？

（2）教师播放不完全齿轮机构的动画或让学生利用 AR 教学资源进一步了解不完全齿轮机构的运动情况。

§9–4　实训——参观生产现场

一、教学目标

1. 了解机械产品的设计和生产流程。

2. 掌握机械加工的内容、加工特点，了解常用机床的类型、用途和加工工艺。

3. 体验机械加工的工作氛围，培养学生对机械加工的感性认识。

二、教学重点和难点

1. 教学重点

（1）机械加工的内容、加工特点。

（2）常用机床的类型、用途和加工工艺。

2. 教学难点

常用机床的类型、用途和加工工艺。

三、教学建议

1. 指导学生学习企业对参观人员的要求，讲解注意事项和安全常识。

2. 指导学生做好参观记录。

3. 结合参观现场讲解常见机床的结构、特点和应用，培养学生对机械加工的感性认识。同时讲解机床内部传动系统和运动机构，让学生进一步认识到学好机械基础的重要性。

4. 结合参观现场讲解机械加工车间操作工人岗位职责，提高学生的责任意识和安全意识。

第十章　轴

学时分配表

章节内容	建议学时
§10–1　轴的用途和分类	1
§10–2　轴的结构和材料	1
§10–3　轴上零件的固定	2
合计	4

本章主要介绍轴的用途、分类、结构、材料及轴上零件的固定方式。教材从日常生产和生活中的实例引入，以提高学生的学习兴趣，并采用了大量表格进行归类，比较直观、清晰，便于学生理解与掌握。

本章的重点是心轴、传动轴和转轴的应用及轴上零件的固定方式。在教学顺序的安排上，可先讲教材的第十一章“键、销及其连接”，也可以在教学中将键、销连接的内容融入本章，这样有利于学生更好地理解如何利用平键和花键进行轴上零件的周向固定。

§10–1　轴的用途和分类

一、教学目标

1．了解轴的用途，掌握轴的分类、结构和应用特点。

2. 了解直轴的类型、承载情况，掌握直轴的应用特点。

二、教学重点和难点

1. 教学重点

轴的分类和结构，直轴的承载情况和应用特点。

2. 教学难点

转轴的承载情况和应用特点。

三、教学建议

1. 轴的主要类型和应用特点

（1）轴是机器中最重要的零件之一，教学中建议先从日常生产和生活中的有关实例引入。可结合学生在实训中所接触到的机械设备的传动轴或生活中的摩托车、自行车上的轮轴等，引入本节内容，以提高学生的学习兴趣，并采用表格进行归类，便于学生理解与掌握。

（2）播放单级齿轮减速器输出轴组件的拆装视频，让学生利用 AR 教学资源进行学习，以便学生了解轴的结构和用途，提高学生的学习兴趣。

（3）在讲解直轴时，引导学生从日常生产和生活中找实例，要消除学生一个错误的认识：凡是圆柱状的都是轴。要让学生明白：轴的主要功用是支承旋转零件、传递运动和动力。

（4）学生对曲轴和挠性钢丝软轴的了解可能要少些，教师可以多找些相关的图片或视频进行讲解。

2. 直轴的分类和应用特点

（1）直轴是以轴的受力情况进行分类的，教学中要注意对轴的受力情况进行分析。

（2）转轴是机械设备中最常用的轴，是本节教学的重点。教学中多找些转轴的图样，让学生了解转轴的结构和工作情况。

§10–2　轴的结构和材料

一、教学目标

1．了解轴的结构名称及设计要求。
2．掌握轴上常见的工艺结构。
3．了解轴的常用材料。

二、教学重点和难点

1．教学重点

轴上常见的工艺结构。

2．教学难点

轴上常见的工艺结构。

三、教学建议

1．轴的结构名称

轴上的结构有轴颈、轴头、轴身、轴肩和轴环等，这些名词在机械制图、极限配合与技术测量基础、机械制造工艺基础，及各专业的专门工艺学与技能训练等课程中出现的频率非常高。教学中，要结合教材图 10–2 重点分析轴上结构的用途。

2．轴的设计要求

先展示教材图 10–3，让学生看懂图样，分析轴及轴上零件的结构和用途；然后让学生结合以下问题自学相关知识：

（1）轴上的键槽加工成什么形状合适？
（2）阶梯轴的直径为什么中间大、两端小？
（3）轴上的倒角和圆角有什么用途？
（4）退刀槽和砂轮越程槽有什么用途？

（5）同一根轴上有两个以上键槽时，为什么要使其槽宽尽可能相同且布置在同一方向上？

3．轴的常用材料

轴使用的材料与其工作状况和结构有关，教学中可以先让学生自学教材中的相关内容，然后结合在金属材料与热处理课中所学知识进行选材练习，零件可以是齿轮减速器的输出轴和齿轮轴、蜗杆减速器的蜗杆轴、车床主轴等。可以让学生使用机械设计手册进行选材，培养学生实际应用知识和查阅资料的能力。

§10–3 轴上零件的固定

一、教学目标

掌握轴上零件的轴向固定方法和周向固定方法。

二、教学重点和难点

1．教学重点

识读轴上零件轴向固定方法和周向固定方法的图例。

2．教学难点

识读轴上零件轴向固定方法和周向固定方法的图例。

三、教学建议

轴上零件的固定主要有轴向固定和周向固定。教材中采用表格的形式，简明扼要地归纳了轴上零件的轴向固定和周向固定的各种方法。教学中，要特别注意引导学生对图样进行分析，让学生能看懂图样，弄懂零件之间的连接关系。

1．轴上零件的轴向固定

（1）圆螺母

重点分析圆螺母和止动垫圈的结构，还要分析清楚在轴上加工的沟槽的结构。

（2）轴肩与轴环

要重点分析轴上的过渡圆角和轴上零件倒角（或倒圆）的关系，强调：过渡圆角半径必须小于轴上零件孔端的圆角半径或倒角。只有这样才能保证轴上零件的正确装配。

（3）套筒

可以展示相关图样，让学生自己分析轴、轴上零件和套筒的结构。

（4）轴端挡圈

轴端挡圈的结构比较复杂，教学中要先让学生看懂视图，然后分析清楚各零件的结构和用途。

（5）弹性挡圈

弹性挡圈的结构比较简单，学生可以自己看懂视图。建议教学中简单介绍一下弹性挡圈的材料及安装、拆卸方法。

弹性挡圈分为轴用弹性挡圈和孔用弹性挡圈。可以给学生布置课外作业，让学生查阅相关国家标准，了解其结构，同时培养学生查阅资料的能力。

（6）轴端挡板

轴端挡板的结构比较简单，可重点引导学生分析挡板的结构及挡板与轴上零件的连接形式。

（7）紧定螺钉与挡圈

介绍紧定螺钉的结构。让学生分析挡圈上螺孔与轴上锥孔的结构和形状。

（8）圆锥面

重点指导学生看懂视图，分析结构，同时思考问题：圆锥面为什么可以兼作周向固定？为什么适用于有冲击载荷和对中性要求较高的场合？

2. 轴上零件的周向固定

（1）平键连接、花键连接、销连接和紧定螺钉连接等内容在后面章节中还要重点介绍，这里只需指导学生看懂视图，了解连接件的结构即可。

（2）在讲授过盈配合连接时，可以先让学生看懂视图，再由教师简单介绍过盈配合连接的装配方法，如压入法、热胀法、冷缩法、液压套合法等。

四、补充资料

过盈配合连接的装配方法

1. 压入法

当配合尺寸和过盈量较小时，可采用常温下的压入法，如锤击、使用压力机等。

2. 热胀法

利用金属材料热胀冷缩的物理特性，将包容件（孔）加热胀大，再将常温状态的被包容件（轴）压入，达到过盈配合连接的目的。加热温度和加热方法应根据过盈量和轮毂尺寸大小来选择。常用的加热方法有沸水加热（80 ~ 100 ℃）、蒸汽加热（120 ℃）、油加热（90 ~ 230 ℃）、电阻炉加热、红外线辐射加热和感应加热等。

3. 冷缩法

利用热胀冷缩的特性，将轴冷却，轴颈缩小后装入常温的孔中。常用的方法是采用干冰冷缩（–78 ℃）和液氮冷缩（–195 ℃）。

4. 液压套合法

装配时将高压油压入配合面间，使包容件内径胀大，被包容件外径缩小，同时施加一定的轴向力，使之互相套合，当轴或轮毂到达预定的相对位置后，排出高压油，即可形成过盈配合连接。但采用这种方法时，需在包容件或（和）被包容件上制出油孔和油沟。

利用液压套合法装卸过盈配合连接件时，既不需要很大的轴向力，也不损伤配合表面，多用于承载较大且需多次装拆的场合，尤其适用于大型零件的装配。

第十一章　键、销及其连接

学时分配表

章节内容	建议学时
§11–1　键连接	2
§11–2　销连接	2
合计	4

机器中零件与零件之间的连接一般分为可拆连接和不可拆连接。本章主要介绍属于可拆连接的键连接和销连接。教材着重介绍了应用最为广泛的普通型平键连接，这是本章的一个重点。普通型平键连接是最基本的键连接，其他键连接都是在此基础上演变而来的，因此，学生只有在掌握了普通型平键连接的结构、特点和相关标准后，才能对其他键连接做更深一步的研究。本章的另一个重点是销连接的类型和功用，教材对六种常用销的类型和功用进行了介绍，教学中要注意比较其结构，分析其安装和使用特点。

§11–1　键　连　接

一、教学目标

1．了解键连接的功用和分类。

2．掌握普通型平键连接的结构与标记，了解普通型平键的材料。

3．掌握导向型平键连接、滑键连接、半圆键连接、楔键连接、花键连接和切向键连接的结构，了解其应用。

4．了解平键连接配合的种类和应用。

二、教学重点和难点

1．教学重点

（1）平键连接的结构和普通型平键的标记。

（2）半圆键连接、楔键连接、花键连接和切向键连接的结构。

2．教学难点

花键连接和切向键连接的结构。

三、教学建议

1．教学引入

（1）展示教材图 11–1，让学生分析：V 带轮和轴之间是否连为一体？靠什么连接？键和销有什么用途？

（2）教学过程中，要多重视形象教学，充分利用实物、教具和 AR 教学资源等形式让学生充分认识键、销的结构和工作原理。教师可以列举生活或生产中的实例，如带轮与轴的连接、齿轮与轴的连接等，并让学生讨论所见到的机械设备中是如何将轴与轴上零件进行固定的。

（3）学生在机械制图课中已经学习了普通型平键的结构和画法，教师在教学中要了解学生对相关知识的掌握情况，有的放矢地开展教学活动。

（4）本章的部分内容与前面许多章节的内容有关联，教学中要处理好其知识的前后衔接，可以将本章中与其他章节有关联的内容提前讲授，或让学生自学。

2．平键连接

（1）普通型平键连接

1）教师展示教材图 11–2，让学生分析各种类型的普通型平键在结构上的异同，同时思考问题：不同的结构有什么不同的用途？

2）让学生利用 AR 教学资源了解普通型平键连接的装配过程，然后展示教材图 11–3 的视图，让学生结合机械制图的知识分析普通型平键连接的画法。找出普通型平键的工作面、接触表面和非接触表面。

3）在讲授普通型平键的标记时，可以先给出标记，让学生根据标记中的标准编号“GB/T 1096”查阅相关标准，自己看懂标记，培养学生查阅资料的能力。

（2）导向型平键连接

1）教师先展示教材图 11–4，让学生分析导向型平键的结构及其与轴的连接情况，然后让学生利用 AR 教学资源加强认识和理解。

2）让学生分析导向型平键与普通型平键在结构上有什么异同，思考问题：导向型平键上的两个沉孔有什么用途？中间的螺孔有什么用途？为什么要将导向型平键用螺钉连接到轴上？

3）教师讲授导向型平键的工作情况，然后让学生分析：导向型平键与轮毂上的键槽之间是什么配合？导向型平键连接和普通型平键连接的轮毂工作状态有什么不同？

（3）滑键连接

1）教师展示滑键的立体图，让学生分析滑键的结构，比较滑键连接与普通型平键连接的异同。

2）让学生利用 AR 教学资源了解滑键的装配过程和工作情况，分析滑键连接的特点。同时，比较滑键连接与导向型平键连接在结构和工作原理上的差异。

（4）平键连接的配合种类和应用

1）教材表 11–1（平键连接的配合种类和应用）具有实用价值，因此，教师要让学生了解配合种类和应用范围，为今后实际应用打下基础。

2）教学中，要注意让学生结合极限配合的知识进行学习，也可以让学生查阅国家标准《平键　键槽的剖面尺寸》（GB/T 1095—2003），了解平键键槽的尺寸和公差。

3. 其他键连接

（1）半圆键连接

展示教材图 11–6，让学生分析以下问题：

1）半圆键是什么结构？半圆键连接与普通型平键连接有什么异同？

2）半圆键连接有什么优缺点？为什么？

（2）花键连接

1）展示教材图 11–7，让学生结合机械制图的知识看懂视图，分析：图 11–7 所示花键的键齿是什么形状？

2）让学生通过 AR 教学资源进一步了解花键的结构和连接情况。

3）教师结合花键连接图分析花键连接的特点和用途。

（3）楔键连接

1）教师指导学生看懂视图，思考问题：普通型楔键与普通型平键的结构有什么不同？钩头楔键的钩头有什么用途？

2）教师讲解楔键的安装方法和受力情况，让学生思考：楔键和普通型平键在受力上有什么不同？楔键两侧面与键槽之间是否有间隙？为什么要有间隙？

（4）切向键连接

1）切向键连接结构相对复杂，教师先要指导学生看懂视图，然后分析清楚切向键、轴上键槽和轮毂上键槽的形状。

2）教师先讲授切向键的安装方法，其次分析转矩传动情况，最后总结出其应用场合。

四、补充资料

松键连接的装配要点

1．清理键及键槽上的毛刺，保证键与键槽能精密贴合。

2．对重要的键连接，装配前要检查键的直线度和键槽对轴线的对称度。

3．对普通型平键、导向型平键，用键的头部与轴上键槽试配，应能使键较紧地与键槽配合。

4．修配键长时，在键长方向键与键槽之间应留 0.1 mm 的间隙。

5．在配合面上加注润滑油，用铜棒和加软钳口的台虎钳将键压入键槽中，使之与槽底接触良好。

6．试配并安装旋转套件时，键与键槽的非配合面应留有间隙。套件在轴上不得有轴向摆动，以免在机器工作时引起冲击和振动。

§11–2　销　连　接

一、教学目标

1．了解销连接的用途。

2．掌握销的类型和结构，了解其特点和应用。

3．了解销的选用方法与常用材料。

二、教学重点和难点

1．教学重点

销的类型、结构和应用。

2．教学难点

销的类型、结构和应用。

三、教学建议

1. 销连接的用途

（1）教师展示教材图 11-12a、b，让学生分析：图中的销是什么形状？有什么用途？

（2）教材图 11-12c 的图样比较复杂，要引导学生结合以下问题分析结构：

1）用于过载保护的销是什么销？

2）销套有几个？

3）该部件是如何装配的？

2. 销的类型、结构、特点及应用

（1）教师展示各种销的结构图和应用图例，让学生分析销的结构和用途。教师点评学生的分析情况后，简单介绍销的应用特点。

（2）让学生结合销的应用图例分析销的安装及拆卸方法。

（3）销是标准件，每种销都有相应的国家标准和标记。教学中，可以让学生查阅圆柱销和圆锥销的国家标准，了解销的标记。

3. 销的选用与材料

可以让学生自学后回答下列问题：

（1）什么情况下用圆柱销？什么情况下用圆锥销？

（2）销在定位时为什么要成对使用？

（3）销用什么材料制成？如何加工销孔？

第十二章　轴　　承

学时分配表

章节内容	建议学时
§12–1　滚动轴承	4
§12–2　滑动轴承	2
§12–3　实训——拆装输出轴组件	4
合计	10

本章从日常生产和生活及常用的机械设备引入，通过一些实例说明轴承的作用，并结合其分类分别对它们的结构、类型和特点等进行了归纳。在教学顺序上，由于各部分内容相对独立，教学中可根据具体情况调节本章内容的顺序，如先讲滑动轴承，后讲滚动轴承。这样并不会影响大纲所规定的基本要求，但要将重点放在滚动轴承上，以满足生产实际及学习专业课的需要。本章的重点是滚动轴承的结构、类型和代号，其中滚动轴承的代号所涉及的内容较多，教学中要重点讲解滚动轴承的基本代号。

§12–1　滚 动 轴 承

一、教学目标

1．掌握滚动轴承的结构和类型。

2．了解滚动轴承代号的组成规则，能看懂滚动轴承的标记并查阅相关标准。

3. 了解选用滚动轴承类型的基本原则。

4. 了解滚动轴承的失效形式，掌握滚动轴承的固定、润滑和密封方法。

二、教学重点和难点

1. 教学重点

（1）常见滚动轴承的结构和类型。

（2）滚动轴承标记的组成。

（3）滚动轴承的固定、润滑和密封方法。

2. 教学难点

（1）常见滚动轴承的类型。

（2）滚动轴承代号的组成规则。

三、教学建议

1. 教学引入

（1）教学中，建议先对滚动轴承和滑动轴承的作用、实际应用等共性的内容进行集中讲授。可以设问：在生产实习中，所操作的机床旋转轴是靠什么来支承的？滑板车的车轮为什么能自由转动？通过设问引导学生讨论后总结：轴承的功用是支承转动的轴及轴上零件，并保持轴的正常工作位置和旋转精度，轴承性能的好坏直接影响机器的性能，轴承是机器的重要组成部分。

（2）引导学生利用 AR 教学资源进行学习，仔细观察滚动轴承和滑动轴承的结构和工作过程，分析两者的结构有什么区别，摩擦性质有什么不同。

2. 滚动轴承的结构和类型

（1）滚动轴承的结构

1）学生在机械制图课中已经学习了部分滚动轴承的知

识，对滚动轴承的结构和标记已经有简单的了解。教学中要了解学生对相关知识的掌握情况，有的放矢地开展教学活动。

2）展示教材图 12–2，让学生分析滚动轴承的结构，分析内圈（轴圈）、外圈（座圈）与其他零件的连接情况，分析滚动体和保持架的作用。

深沟球轴承属于不可分离轴承，在装配后，内圈、外圈不能自由分离；圆锥滚子轴承和单向推力球轴承属于可分离轴承，在装配后，其上的零件可以自由拆分。在单向推力球轴承上有座圈和轴圈，座圈的外圆柱面与箱体上的孔配合，其内孔与轴之间有间隙；轴圈的内孔与轴配合，其外圆柱面与箱体上的孔之间有间隙，如图 12–1 所示。指导学生看图时，要注意让学生分清座圈和轴圈的不同。

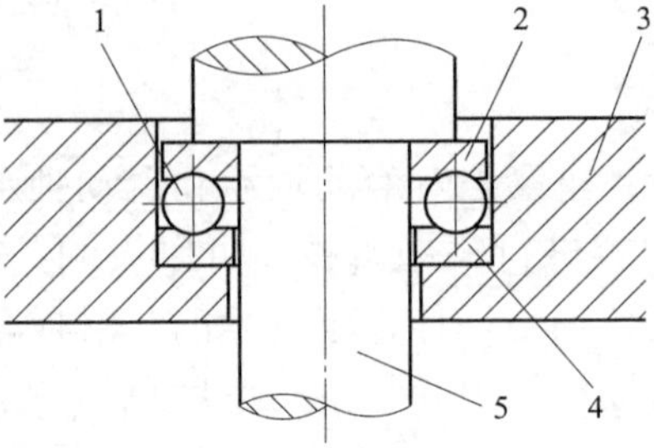

图 12–1　单向推力球轴承的装配关系

1—滚动体　2—轴圈　3—箱体　4—座圈　5—轴

（2）滚动轴承的类型

1）滚动轴承的种类非常多，分类方法也比较烦琐。教学中，要先让学生掌握滚动轴承的基本类别，然后再了解常见的滚动轴承。教师可对滚动轴承的分类做以下总结：

- 滚动轴承
  - 向心轴承
    - 径向接触轴承：主要承受径向载荷，有些可承受较小的轴向载荷
    - 角接触向心轴承：能同时承受径向载荷和轴向载荷
  - 推力轴承
    - 角接触推力轴承：主要承受轴向载荷，也可承受较小的径向载荷
    - 轴向接触轴承：只能承受轴向载荷

2）教材表 12–1 中所列的 9 种滚动轴承都是最常用的滚动轴承，首先教师应要求学生记忆其名称，其次指导学生分析其结构，最后让学生结合结构分析其承受载荷的方向和大小。

3. 滚动轴承的代号

滚动轴承代号非常复杂，教学中教师要注意把握好教学重点，要清楚哪些是要求学生掌握的内容，哪些是要求学生了解的内容。

滚动轴承代号由前置代号、基本代号和后置代号三部分组成。其中，基本代号是滚动轴承代号的核心，是教学的重点；对于前置代号和后置代号只做一般介绍即可。在以后的工作中，具体选择滚动轴承时可以根据需要自学相关内容。滚动轴承代号通常都压制在轴承外圈的端面上，教师可以给学生展示一个滚动轴承的实物或图片，让学生了解滚动轴承代号在轴承上的位置。

（1）基本代号

讲解滚动轴承的基本代号时，需要强调：教材表 12–4 中括号内的数字在组合代号中要省略。

讲解完滚动轴承基本代号的含义后，建议增加课堂练习，加深学生对这一知识点的理解。

（2）前置代号和后置代号

1）前置代号的应用很少，教师可结合代号“LN207”做简单介绍。

2）后置代号的内容较多，教学中重点让学生了解公差等级代号和游隙代号。

3）指导学生识读滚动轴承的标记，并让学生查阅有关标

准，查出滚动轴承的外形尺寸。

4. 滚动轴承类型的选择

（1）在讲授滚动轴承类型的基本选用原则时，要重点从受力方向和载荷性质两方面进行分析。

（2）教学中，要联系滚动轴承的结构和承载方向进行分析。

5. 滚动轴承的固定方式

要指导学生自己看懂视图，分析结构。也可以结合轴上零件的轴向固定进行讲授。

6. 滚动轴承的失效、润滑与密封

（1）滚动轴承的失效

教学中，可展示失效的滚动轴承，让学生了解失效的原因，分析预防失效的措施。

（2）滚动轴承的润滑

1）滚动轴承的润滑非常重要，教材中介绍了润滑脂润滑、润滑油润滑和固体润滑三种方式，这也是常用的机械润滑方式，学生掌握该内容对今后的工作非常有益，教师应该将其作为重点进行讲解。

2）教学中，要结合齿轮的润滑和蜗轮蜗杆的润滑进行讲解。

3）在学生学习该内容时，应让学生了解一些机床保养方面的知识。教学中，教师要结合学生所学专业，让学生分析机床的润滑与滚动轴承的润滑有什么异同。

（3）滚动轴承的密封

首先指导学生看懂密封结构图，然后指导学生分析密封原理，最后教师分析应用场合。

四、补充资料

滚动轴承的安装

滚动轴承安装得好坏，将影响到轴承的精度、使用寿命和性能。因此，安装轴承时，应严格按照以下操作要求进行。

1. 清洗

清洗轴承及相关零件。对双侧具有油封或防尘盖的轴承以及采用了脂润滑的轴承，安装前无须清洗。

2. 检查

检测相关零件的尺寸精度和几何精度。

3. 安装

轴承的安装应根据轴承结构、尺寸大小和轴承部件的配合性质而定，压力应直接加在紧配合的套圈端面上，不得通过滚动体传递压力。轴承的安装一般采用以下方法：

（1）压入装配

轴承内圈与轴是紧配合，外圈与轴承座孔是松配合时，可用压力机将轴承先压装在轴上，然后将轴连同轴承一起装入轴承座孔内。压装时，在轴承内圈端面上垫一根用软金属材料（铜或软钢）制作的装配套管，装配套管的内径应比轴颈直径略大，外径应比轴承内圈挡边略小，以免压在保持架上。若轴承外圈与轴承座孔为紧配合，内圈与轴为松配合时，可将轴承先压入轴承座孔内，这时装配套管的外径应略小于座孔的直径。如果轴承内圈、外圈与轴和座孔都是紧配合，安装时内圈和外圈要同时压入轴和座孔，装配套管的结构应能同时压紧轴承内圈和外圈的端面。

（2）加热装配

通过加热轴承或轴承座，利用热膨胀将紧配合转变为松配合的安装方法称为加热装配。它是一种常用且比较省力的安装方法，此法适用于过盈量较大的轴承的安装。轴承与轴紧配合时采用加热轴承的方法，热装前把轴承或可分离型轴承的套圈放入油箱中均匀加热至 80 ~ 100 ℃，然后将其从油中取出尽快装到轴上，为防止冷却后内圈端面和轴肩贴合不紧，轴承冷却后可以再进行轴向紧固。轴承外圈与轻金属制造的轴承座紧配合时，采用加热轴承座的热装方法，可以避免配合面受到擦伤。用油箱加热轴承时，在距箱底一定距离处应有一网栅，或者用钩子吊着轴承，轴承不能放到箱底，以防箱底沉淀的杂质进入轴承内或加热不均匀，油箱中必须有温度计，严格控制油温不超过 100 ℃，以防止发生回火效应，使轴承内圈、外圈的硬度降低。

（3）圆锥孔轴承的安装

圆锥孔轴承可以直接装在有锥度的轴颈上，其配合的松紧程度可用轴承径向游隙减小量来衡量。因此，安装前应测量轴承径向游隙，安装过程中更应经常测量游隙，以达到所需要的游隙减小量。圆锥孔轴承一般采用锁紧螺母轴向固定。

（4）推力轴承的安装

推力轴承的内圈与轴的配合一般为过渡配合，座圈与轴承座孔的配合一般为间隙配合。因此，这种轴承较易安装。

§12–2 滑 动 轴 承

一、教学目标

1. 了解滑动轴承的特点、应用和分类。
2. 掌握滑动轴承的主要结构形式。
3. 了解轴瓦的结构和材料。
4. 掌握滑动轴承的润滑方式和装置。

二、教学重点和难点

1. 教学重点

（1）滑动轴承的主要结构形式。

（2）滑动轴承的润滑方式和装置。

2. 教学难点

滑动轴承的主要结构形式。

三、教学建议

1. 滑动轴承的特点、应用和分类

（1）滑动轴承的特点

1）滑动轴承的特点与其结构和润滑有关，教学中，要结合滑动轴承的结构和润滑情况进行分析。因此，可以将该内容放到本节的后面讲解，也可以让学生在学习完本节其他内容后自学。

2）在分析滑动轴承的特点时，要注意与滚动轴承进行比较分析。

（2）滑动轴承的应用

滑动轴承的应用也与其结构和润滑有关，所以要结合滑动轴承的结构和润滑进行分析，同样要注意与滚动轴承进行比较。

（3）滑动轴承的分类

滑动轴承有两种分类方法：按受力情况分类和按结构分类。在介绍按受力情况分类时，可以结合滚动轴承的分类方法进行讲解。承受径向载荷的轴承是径向滑动轴承，承受轴向载荷的轴承是止推滑动轴承。

在介绍按结构分类时，要解释清楚整体式、对开式和调心式的含义，可以结合分析滑动轴承的主要结构形式进行讲解。

2. 滑动轴承的主要结构形式

教学中，要让学生结合立体图和 AR 教学资源看懂视图，掌握滑动轴承的结构和工作原理。

（1）径向滑动轴承

1）整体式径向滑动轴承。整体式径向滑动轴承是一种常用的滑动轴承，教学中，可展示教材图 12–8，结合立体图分析结构图，重点分析轴承座和轴瓦的三视图，让学生在了解其结构特点的同时培养看图能力。

在学生对整体式径向滑动轴承有了基本了解后，让学生利用 AR 教学资源进行学习，进一步加深对整体式径向滑动轴承的了解。

2）对开式径向滑动轴承。对开式径向滑动轴承的座体和轴瓦都是分离的，结构比较复杂。但学生在机械制图课中已接触到对开式径向滑动轴承的装配图，教师可以指导学生运用识读装配图的方法，看懂装配图，理清零件间的装配连接关系。同时，也可以让学生利用 AR 教学资源进一步了解对开式径向滑动轴承的结构。

3）调心式径向滑动轴承。教材图 12–10 只绘制了调心式径向滑动轴承的局部结构，所以不必让学生分析轴承盖和轴承座的结构，可以让学生看图思考问题：调心式径向滑动轴承是如何实现调心的？

（2）止推滑动轴承

教师展示教材图 12–11，指导学生分析：轴承座是什么结构？止推轴瓦是什么结构？润滑油是如何流动的？

3. 轴瓦的结构和材料

（1）在分析轴瓦的结构时，要注意联系相应的滑动轴承一起分析。

（2）要注意分析轴瓦上油孔和油槽的结构和形状。

（3）在分析轴瓦所用的材料时，要注意分析滑动轴承的工作状况，并据此分析对滑动轴承轴瓦材料的要求，让学生结合金属材料与热处理课中所学到的知识选择材料，提高学生实际应用知识的能力。

4. 滑动轴承的润滑

（1）学生在生产实习中对机械的润滑方式有所接触，可以先引导学生回忆在生产实习中遇到的润滑装置，以培养学生的学习兴趣。教师也可以展示滑动轴承润滑装置的图片或工作视频，先让学生直观了解滑动轴承的润滑装置。

（2）在讲授润滑方式和装置时，要先指导学生看懂视图，再了解润滑装置的工作原理。

5. 滚动轴承和滑动轴承的特点比较

在学生学习完滚动轴承和滑动轴承的知识后，要让学生对两种轴承的结构、工作原理和应用场合进行比较。

滚动轴承应用的场合比滑动轴承多，要防止学生形成一种片面的结论，即滚动轴承比滑动轴承的性能好。对此教师应做必要的解释：滚动轴承与滑动轴承各有优缺点，各有自己的适用场合。两者不能完全互相取代，并且正各自向一定的方向发展。但由于滚动轴承的优点较突出，应用也更加广泛。

§12–3 实训——拆装输出轴组件

一、教学目标

1．了解轴的结构，了解齿轮在轴上的固定方法，了解滚动轴承的定位方法。

2．掌握滚动轴承和齿轮的拆装方法，培养拆装轴上零件的能力。

二、教学重点和难点

1. 教学重点

滚动轴承和齿轮的拆装方法。

2. 教学难点

滚动轴承和齿轮的拆装方法。

三、教学建议

1. 教学引入

（1）让学生观看教材图 6–22（单级齿轮减速器）的 AR 教学资源，了解输出轴及轴上零件的结构和拆装顺序，培养学生的学习兴趣。

（2）教师展示教材图 12–22，进一步分析滚动轴承和齿轮的定位及与轴的配合关系。

2. 实训设备和工具

重点介绍顶拔器的结构和使用方法。

3. 分析结构

指导学生看懂教材图 12–22，分析滚动轴承、齿轮、键与轴的配合关系，了解拆卸的难度，制定拆卸步骤。

4. 拆卸输出轴组件

（1）教师讲授拆卸方法，示范拆卸过程，强调不能损坏零件。

（2）教师引导学生分析滚动轴承的结构，思考：在拆卸滚动轴承时，什么零件容易损坏？如何保证在拆卸时不损坏滚动轴承？

（3）教师可以根据本校的实际情况，采用小组合作学习的方式，但要避免“一人干，多人看”的现象发生，小组成员要有明确的分工。

5. 装配输出轴组件

（1）在装配前先要让学生检查所装配的零件是否齐全。

（2）教师在巡回指导时要防止学生硬敲零件，要对各组安装的输出轴组件进行精度检验。

6. 总结与考核

（1）学生撰写实训报告书，对本次实训的内容、步骤、方法、过程、体会等进行总结。

（2）可以成立学生检验组，对各组的实训过程和结果进行考核。

第十三章　联轴器、离合器和制动器

学时分配表

章节内容	建议学时
§ 13–1　联轴器	2
§ 13–2　离合器	2
§ 13–3　制动器	2
§ 13–4　实训——拆装凸缘联轴器	4
合计	10

本章由对卷扬机传动系统的分析引入，介绍了联轴器、离合器和制动器的作用。教学中，教师要注意理论联系实际，结合生活和生产实践中遇到的联轴器、离合器和制动器进行教学。

本章的重点是联轴器和离合器的结构、主要功用及两者的区别。本章的难点是联轴器、离合器和制动器的结构和工作原理。

§ 13–1　联　轴　器

一、教学目标

1．了解联轴器的功用。

2．掌握常用联轴器的结构和工作原理。

3．了解常用联轴器的特点及应用。

二、教学重点和难点

1．教学重点

常用联轴器的结构和工作原理。

2．教学难点

常用联轴器的结构和工作原理。

三、教学建议

1．教学引入

（1）展示教材图 13–1，分析卷扬机的结构和工作原理，讲解联轴器、离合器和制动器的概念。

（2）引导学生找出联轴器和离合器在功能上的异同。

（3）在教材图 13–1 所示联轴器的机构运动简图中，联轴器、离合器和制动器都采用图形符号表示。教学中，可以先让学生查阅国家标准《机械制图　机构运动简图用图形符号》（GB/T 4460—2013），熟悉各种联轴器、离合器和制动器的图形符号，然后分析卷扬机的机构运动简图。

（4）展示教材图 13–2，让学生分析图中各部件之间的关系，介绍联轴器的概念，分析联轴器的作用（连接两轴）和工作方式（工作时始终处于连接状态）。

2．刚性联轴器

（1）凸缘联轴器

展示教材图 13–3，同时让学生利用 AR 教学资源进行学习，并引导学生分析以下问题：

1）两个半联轴器靠什么方式与轴连接？

2）两个半联轴器靠什么对中？如何连为一体？

3）凸缘联轴器对被连接两轴的轴线有什么要求？如果两轴的轴线偏移较大，能否使用凸缘联轴器？

（2）套筒联轴器

展示教材图 13–4，让学生结合 AR 教学资源分析套筒联轴器的结构，并思考以下问题：

1）套筒与轴如何进行周向固定和轴向固定？

2）在平键连接和销连接中，哪种连接传递的转矩大？

3. 无弹性元件挠性联轴器

（1）十字滑块联轴器

1）让学生带着问题进行学习。刚性联轴器要求两轴能严格对中，如果两轴之间有偏移，应该如何连接两轴？

2）展示教材图 13–5，让学生结合 AR 教学资源分析十字滑块联轴器的结构，并思考以下问题：

① 十字滑块联轴器由哪些零件组成？

② 半联轴器上的槽有什么用途？

③金属盘滑块上有什么结构？它在两个半联轴器的槽中可以做什么运动？

（2）齿式联轴器

1）引导学生结合 AR 教学资源看懂齿式联轴器的结构图，重点分析套筒与轴套的结构和形状。

2）重点分析套筒与轴的连接情况以及套筒上的内齿与轴套上外齿的啮合情况。

3）教学中，可让学生带着以下问题学习：

①两个轴套是什么形状？轮齿加工在什么位置？

②两个套筒上的轮齿加工在什么位置？

③轴套与轴如何连接？

④两个套筒如何连接？

⑤齿式联轴器靠什么传递动力？

4. 有弹性元件挠性联轴器

弹性柱销联轴器和弹性套柱销联轴器的结构与凸缘联轴器的结构类似，教学中可以将两者对比讲解。

（1）弹性柱销联轴器

展示教材图 13–7，让学生分析弹性柱销联轴器的结构，并思考以下问题：

1）弹性柱销联轴器主要由哪些零件组成？

2）弹性柱销联轴器依靠什么传递动力？

3）为什么弹性柱销联轴器可以补偿两轴偏移、吸振及缓冲？

（2）弹性套柱销联轴器

展示教材图 13–8，让学生分析弹性套柱销联轴器的结构，并思考以下问题：

1）弹性套柱销联轴器有哪些主要结构？

2）弹性套柱销联轴器与哪种联轴器结构类似？

3）柱销上有哪些结构？其形状与哪种螺纹紧固件类似？

§13–2　离　合　器

一、教学目标

1．了解离合器的功用。

2．掌握常用离合器的结构和工作原理。

3．了解常用离合器的特点和应用。

二、教学重点和难点

1．教学重点

常用离合器的结构和工作原理。

2．教学难点

多片摩擦离合器的结构。

三、教学建议

1. 牙嵌离合器

（1）播放牙嵌离合器的动画，让学生初步了解牙嵌离合器的结构和工作原理，培养学生的学习兴趣。

（2）牙嵌离合器的结构有些复杂，教师可展示教材图 13–9，让学生对照实体图分析视图。首先分析左半离合器和右半离合器的形状，其次分析它们与轴的连接情况，再次分析对中环的形状和用途，最后分析右半离合器的工作状态。

2. 单圆盘摩擦式离合器

（1）单圆盘摩擦式离合器的结构比较简单，可以指导学生自己结合 AR 教学资源看懂视图，分析工作原理。

（2）教师展示教材图 13–11，让学生分析以下问题：

1）主动摩擦盘在哪里？它与轴是如何固定的？

2）从动摩擦盘在哪里？它如何实现滑动？

（3）播放单圆盘摩擦式离合器的动画，验证学生的分析结果。

3. 多片摩擦式离合器

多片摩擦式离合器的结构复杂，教学中可采用以下方法：

（1）播放多片摩擦式离合器的动画，或让学生利用 AR 教学资源直观了解其结构和工作原理。

（2）通过分析视图和立体图，看懂毂轮的结构和形状，分析毂轮与外摩擦片的连接关系：外摩擦片可以在毂轮中做轴向移动，但必须与毂轮一起做旋转运动。

（3）看懂内套筒的结构和形状，分析内套筒与内摩擦片的连接关系：内摩擦片可以在内套筒中做轴向移动，但是必须与内套筒一起做旋转运动。

（4）分析内、外摩擦片的结合情况：内、外摩擦片压在一起时，内、外摩擦片结合，离合器连接两轴；内、外摩擦片分开时，两轴分离。

（5）分析曲臂压杆的动作原理：滑环压下曲臂压杆的右端，曲臂压杆顺时针摆动，曲臂压杆的上端推动压板右移，将内、外摩擦片压紧，实现两轴的结合；反之，两轴分离。

（6）再次播放多片摩擦式离合器的动画，加深学生对其结构和工作原理的认识与理解。

4. 联轴器与离合器在功能上的异同

在学生掌握了联轴器和离合器的知识后，指导学生分析联轴器和离合器在功能上的异同。

§13–3　制　动　器

一、教学目标

1. 了解制动器的功用。
2. 掌握常用制动器的结构和工作原理。
3. 了解常用制动器的特点和应用。

二、教学重点和难点

1. 教学重点

常用制动器的结构和工作原理。

2. 教学难点

常用制动器的结构和工作原理。

三、教学建议

1. 教学引入

自行车的制动装置是非常典型的制动器，教学中可以由此引出制动器的概念：制动器是一种利用摩擦力矩来降低机器运动部件的转速或使其停止旋转的装置。教学中，教师可以自行车的制动装置为例引入教学，也可列举其他生活和生产中的制动器（如汽车的制动器等），以培养学生的学习兴趣。

2. 带式制动器

带式制动器结构比较简单，教师可以展示教材图 13–13，让学生分析其工作原理，并思考以下问题：

（1）杠杆在什么情况下进行制动？在什么情况下松闸？

（2）如何增加摩擦效果？

3. 内张蹄式制动器

教师展示教材图 13–14，指导学生分析以下问题：

（1）制动轮在什么位置？在非制动状态下，制动轮是旋转的还是静止的？

（2）制动蹄做什么运动？

（3）制动蹄的张开依靠什么力？

4. 外抱块式制动器

（1）播放外抱块式制动器的工作动画，让学生结合 AR 教学资源分析其工作原理。

（2）展示教材图 13–15，引导学生分析以下问题：

1）制动臂可以做什么运动？

2）松闸器如何工作？

3）什么情况下制动？什么情况下松闸？

§ 13–4　实训——拆装凸缘联轴器

一、教学目标

1．认识凸缘联轴器实物。

2．掌握凸缘联轴器的拆装方法和步骤，培养学生具备一定的设备拆装能力。

二、教学重点和难点

1. 教学重点

凸缘联轴器的拆装方法和步骤。

2. 教学难点

凸缘联轴器的拆装方法和步骤。

三、教学建议

1. 了解各零件之间的装配连接关系

指导学生观察凸缘联轴器的实物，分析其类型和各零件之间的配合关系或连接关系，其中要重点分析连接螺栓和半联轴器之间的配合关系，然后拟定拆卸方案。教学中，可以小组为单位，采用小组合作学习的方法。

2. 拆卸凸缘联轴器

（1）拆卸前

拆卸前要提醒学生做好标记，以防止因安装误差而影响联轴器的工作精度。在此教师要让学生明白：两个半联轴器上的螺栓孔是装夹在一起进行钻孔和铰孔的，所以两个半联轴器在装配时的位置必须与铰孔时的位置一致，否则将无法装配。

（2）拆卸螺母

必须让学生按照规范的拆卸方法和步骤进行拆卸。教学中，可以先让学生讲述拆卸方法和步骤，然后教师再点评指导。

（3）拆卸螺栓

要让学生采用正确的方法拆卸螺栓，防止损坏螺杆上的螺纹。

3. 装配凸缘联轴器

（1）装配前

要提醒学生按照拆卸前做好的标记位置对齐两个半联轴器。

（2）安装螺栓

提醒学生不要过度用力敲击螺栓，防止损伤螺杆的圆柱面。

（3）安装螺母

强调安装要求，让学生掌握安装螺母的方法和步骤，养成良好的操作习惯。

（4）检查

教师组织检验组对学生整个拆卸和安装过程及安装后的产品进行检查及考核，培养学生的责任意识。

第十四章　液 压 传 动

学时分配表

章节内容	建议学时
§14–1　液压传动概述	2
§14–2　液压动力元件	3
§14–3　液压执行元件	3
§14–4　液压控制元件	6
§14–5　液压辅助元件	2
§14–6　液压传动系统基本回路	6
§14–7　液压传动系统应用实例	2
§14–8　实训——搭建液压回路	4
合计	28

液压传动是本教材所占比重最大的一章，主要讲述液压传动的基本原理、液压元件的工作原理和液压系统基本回路及应用实例等。通过学习，使学生获得液压传动技术的基本知识、基本理论和基本分析方法，以达到培养学生初步运用液压传动技术的目的。

§14–1　液压传动概述

一、教学目标

1．了解液压传动的基本原理，掌握液压传动系统的组成。

2．认识液压元件的图形符号，掌握液压系统回路图的概念。

3. 了解液压传动的特点。

4. 掌握压力、流量和流速的概念。

二、教学重点和难点

1. 教学重点

(1) 液压传动系统的组成。

(2) 液压系统回路图的概念。

(3) 压力、流量和流速的概念。

2. 教学难点

(1) 液压传动系统的组成。

(2) 压力、流量和流速的概念。

三、教学建议

1. 教学引入

液压传动在挖掘机、推土机、装载机等机器中得到了广泛应用，在这些设备上能看到许多工作机构的液压缸。教师可以展示相关图片和视频，让学生找出液压缸的位置，增强学生对液压传动的认识，激发学生的学习兴趣。

2. 液压传动的基本原理

(1) 展示液压千斤顶的实物，让学生了解其结构和工作原理，思考问题：为什么在液压千斤顶的手柄上施加很小的力就可以顶起很重的物体？让学生带着问题进行学习。

(2) 展示液压千斤顶的工作原理图，让学生理解液压千斤顶的工作原理，并对缸体、活塞、单向阀、截止阀等名词有所认识。

(3) 在分析液压千斤顶的工作原理前，首先要对单向阀的结构和工作原理进行分析，让学生初步了解单向阀的工作原理和工作特性，明白单向阀只允许液体朝着一个方向流动。

(4) 截止阀就是普通的阀门，如同人们常见的水阀，利用手动可以开启或关闭。

（5）液压缸主要由缸体和活塞组成，教师要引导学生分析：小活塞向上移动时，小液压缸吸油；小活塞压下时，小液压缸排出压力油。压力油流入大液压缸时，大活塞向上移动；液压油从截止阀排出时，大活塞向下移动。

（6）在学生分析完液压千斤顶各元件的工作情况后，再引导学生对液压千斤顶的液压回路图进行分析，了解其工作原理。

3. 液压传动系统的组成

在分析液压传动系统的组成时，可结合液压千斤顶的液压传动系统，也可结合其他机械上的液压系统，拓展学生的思维。教师可以结合学生所学专业列举数控机床、工程机械、矿山机械、建筑机械等机械中液压传动的应用实例。

4. 液压元件的图形符号与液压系统回路图

（1）首先展示液压千斤顶的液压系统图，介绍图中图形符号的含义，让学生对液压元件的图形符号有一个初步了解；然后简要介绍国家标准《流体传动系统及元件　图形符号和回路图　第1部分：图形符号》（GB/T 786.1—2021）的内容，让学生查阅标准，了解常用液压元件的名称和图形符号。

（2）同时展示教材图14-3和图14-4，让学生对比分析液压元件的图形符号和结构简图的特点。

5. 液压传动的应用特点

教学中要注意将液压传动的应用特点与机械传动进行比较。

6. 液压系统的基本参数

（1）压力

1）教师可以列举自来水管内水的压力和自行车内胎中空气的压力，让学生明白：液体和气体中可以存在压力。

2）学生在初中物理中都学过压强的概念，本教材中所述的压力即压强，是指液体在单位面积上所受的法向作用力。

（2）流量

教学中要指出：液体流过液压缸内的某一横截面和流过管

路中某一横截面的流量是相等的。

（3）流速

教学中要指出：在液压缸中，液体的流速即为平均流速，它与活塞运动速度相同，从而建立起活塞运动速度与液压缸有效面积和流量之间的关系。当液压缸的有效面积一定时，活塞运动速度取决于流入液压缸的液体流量。

四、补充资料

1. 几种压力的概念

（1）工作压力

液压泵实际工作时的输出压力称为工作压力。工作压力取决于外负载的大小和输油管路上的压力损失，与液压泵的流量无关。

（2）额定压力

液压泵在正常工作条件下，按试验标准规定连续运转的最高工作压力称为液压泵的额定压力。

（3）最高允许压力

在超过额定压力的条件下，根据试验标准规定，允许液压泵短暂运行的最高压力值称为液压泵的最高允许压力。若超过此压力，液压泵的泄漏量会迅速增大。

2. 液压油液

（1）液压油液的主要物理性质

1）液压油液的密度。单位体积液体的质量称为液体的密度。液压油液的密度随压力的增大而增大，随温度的升高而减小，但变化幅度很小。在常用的压力和温度范围内可近似地认为其值不变。

2）液体的可压缩性。液体受压力作用而使体积变小的性质称为液体的可压缩性。液压油具有可压缩性，它对液压系统的动态性能影响较大，但当液压系统在静态（稳态）下工作时，一般可以不考虑液体可压缩性的影响。

3）液体的黏性。液体在外力作用下流动（或有流动趋势）时，分子间的内聚力要阻止分子间的相对运动而产生一种内摩擦力，这种现象称为液体的黏性。黏性的大小用黏度表示，液压油的黏度对温度的变化十分敏感，温度升高，黏度显著下降，液压油的这种性质称为黏温特性。液压油的黏度和黏温特性是选择液压油的主要依据。

（2）液压油液的类型

液压油液主要分为矿物油型、乳化型和合成型三类。液压油液的主要品种有普通液压油、抗磨液压油、低凝液压油、高黏度指数液压油、专用液压油、水包油液压液、油包水液压液、水—乙二醇液压液、磷酸酯液压液等。

（3）液压油液的使用要求

不同的液压传动系统、不同的使用条件对液压油液的要求也不同。一般液压传动系统应满足下列要求：

1）合适的黏度，润滑性能好，具有较好的黏温特性。

2）质地纯净，杂质少，对金属和密封件有良好的相容性。

3）对高温、氧化和水解具有良好的稳定性。

4）抗泡沫性、抗乳化性和防锈性好，腐蚀性小。

5）体积膨胀系数小，比热容大，流动点和凝固点低，闪点和燃点高。

6）对人体无害，对环境污染小，成本低。

§ 14–2　液压动力元件

一、教学目标

1. 掌握液压泵的工作原理和图形符号，了解液压泵的类型。

2．了解外啮合齿轮泵的结构，掌握其工作原理。

3．掌握单作用叶片泵、双作用叶片泵和斜盘式轴向柱塞泵的工作原理。

4．了解齿轮泵、叶片泵和柱塞泵的特点，了解液压泵的选择方法。

二、教学重点和难点

1．教学重点

（1）液压泵的工作原理。

（2）液压泵的图形符号。

（3）外啮合齿轮泵的工作原理。

2．教学难点

（1）外啮合齿轮泵的结构。

（2）斜盘式轴向柱塞泵的工作原理。

三、教学建议

1．教学引入

展示齿轮泵、叶片泵、柱塞泵等的图片、实物、模型和工作视频，增强学生对液压泵的感性认识，培养学生的学习兴趣。

2．液压泵的工作原理

（1）展示单柱塞泵的结构示意图，引导学生分析其结构，找出图上的单向阀、柱塞、泵体、偏心轮等元件，分析其作用和运动情况。

（2）教师分析单柱塞泵的工作原理，并与液压千斤顶产生液压油的系统（由杠杆手柄、小液压缸和两个单向阀组成）的泵油原理进行比较。

3．液压泵的类型和图形符号

（1）结合图形符号介绍液压泵的分类，让学生思考以下问题：

1）什么是单向泵？什么是双向泵？它们的图形符号有什么区别？

2）什么是定量泵？什么是变量泵？它们的图形符号有什么区别？

3）在液压泵的图形符号中，实心三角形的尖端朝着什么方向？为什么？

（2）液压系统图是用图形符号来表达液压元件的，学生只有看懂图形符号才能读懂液压系统图，弄懂液压系统的工作原理。因此，液压元件的图形符号是教学的重点。在讲解液压泵的图形符号时，首先要让学生掌握各基本要素符号的含义，然后分析各种液压泵的图形符号。

4. 常用液压泵

（1）齿轮泵

1）展示外啮合齿轮泵的实物、模型和实物照片等，先让学生对外啮合齿轮泵有一个直观印象。

2）展示外啮合齿轮泵的工作原理图，先让学生看懂视图，弄懂结构，然后分析两相互啮合的齿轮与泵体所形成的密闭空间，再分析旋转的齿轮如何使密闭容积产生变化，从而弄懂齿轮泵的工作原理。

3）利用AR教学资源介绍外啮合齿轮泵的结构和工作原理，让学生分析泵体、左泵盖、右泵盖的形状，分析齿轮轴的安装位置及齿轮轴与泵体、左泵盖和右泵盖的装配图关系，在泵体上找到吸油口和压油口。

4）展示外啮合齿轮泵的视图，让学生结合立体图看懂视图，进一步分析齿轮泵的结构和工作原理。

（2）叶片泵

1）单作用叶片泵。先展示教材图14–11的AR教学资源，让学生了解单作用叶片泵的基本结构和工作状态，引导学生思考以下问题：

①转子在什么位置？做什么运动？

②叶片做什么运动？

③转子和定子同心吗？

④转子与定子之间为什么要有偏心距？偏心距决定着什么？

展示教材图 14–11，引导学生找到吸油口和压油口，分析吸油区和压油区的位置，思考封油区的作用。

引导学生结合以下问题分析吸油原理、压油原理和流量调节原理。

①为什么吸油口可以形成局部真空？

②两叶片之间的密闭容积是如何变化的？

③如何调节流量？如何改变液压油的输出方向，使左侧油口变为吸油口，右侧油口变为压油口？

2）双作用叶片泵。展示双作用叶片泵的工作原理图，引导学生比较其与单作用叶片泵在结构上的异同，思考以下问题：

①双作用叶片泵与单作用叶片泵的定子内表面曲线有什么不同？

②双作用叶片泵的定子和转子是否同心？为什么？

③吸油区和压油区各有几个？

在学生读图的过程中可以让学生借助 AR 教学资源了解双作用叶片泵的基本结构，要重点分析配油盘的结构、泵体上吸油槽和压油槽的位置等。

（3）柱塞泵

柱塞泵的种类很多，教材中仅介绍了最常用的斜盘式轴向柱塞泵的工作原理，教学中可根据不同的培养方向补充其他柱塞泵的知识。

1）展示斜盘式轴向柱塞泵的产品外观图和结构图，让学生了解斜盘式轴向柱塞泵的结构。

2）展示斜盘式轴向柱塞泵的工作原理图，让学生分析斜盘、滑履、压板、内套筒、柱塞、缸体、外套筒、配油盘等零件的结构，思考以下问题：

①哪些零件是固定不动的？

②缸体做什么运动？是由谁带动的？

③滑履做什么运动？

④柱塞做什么运动？

⑤斜盘式轴向柱塞泵为什么可以是双向变量泵？

5. 液压泵的比较与选择

（1）液压泵的比较

让学生重点从结构是否复杂、价格是否合适、压力是否高等方面分析齿轮泵、叶片泵和柱塞泵的优缺点，找出它们之间的差异。

（2）液压泵的选择

教学中可以让学生带着问题进行学习，例如：

1）如果系统是单执行元件，恒速或接近恒速运行，应选用定量泵还是变量泵？

2）如果系统有快速、慢速要求，应选择定量泵还是变量泵？

3）机床辅助装置应选择什么泵？

四、补充资料

1. 内啮合齿轮泵

内啮合齿轮泵分为摆线齿形和渐开线齿形两种。内啮合齿轮泵的工作原理如图 14–1 所示，在渐开线齿形的内啮合齿轮泵中，小齿轮和内齿轮之间要装一块隔板，以便把吸油腔和压油腔隔开。这两种内啮合齿轮泵的工作原理和主要特点都与外啮合齿轮泵相同。当小齿轮 2 按照图示箭头方向带动内齿轮 1 旋转时，左侧吸油腔由于相互啮合的轮齿逐渐脱开，密封工作容积逐渐增大，将油液吸入并充满齿间，然后通过齿轮的旋转把油液带到右侧的压油腔。齿轮的相互啮合使齿间的密封容积不断减小，油液便被从压油腔挤出，输送到压力管路中去。

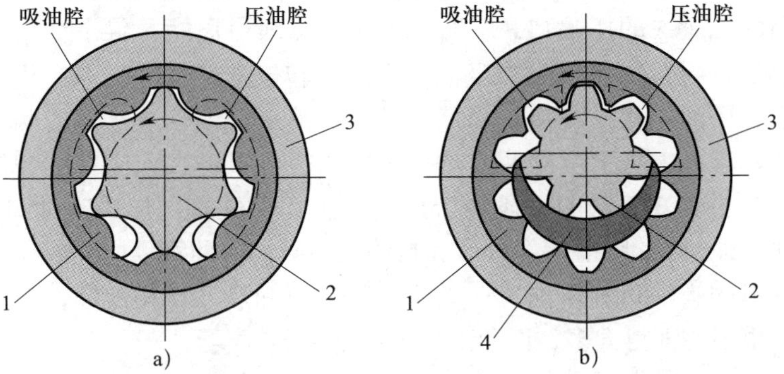

图 14–1　内啮合齿轮泵的工作原理

a）摆线齿形　b）渐开线齿形

1—内齿轮　2—小齿轮　3—泵体　4—隔板

内啮合齿轮泵的优点是结构紧凑，尺寸小，质量轻，运转平稳，噪声低，在高转速工作时有较高的容积效率，但在低速、高压下工作时，压力脉动大，容积效率低，所以一般用于中、低压系统。内啮合齿轮泵的缺点是齿形复杂，加工困难，价格较高，且不适合高速、高压的工作状况。

2. 径向柱塞泵

径向柱塞泵是指柱塞轴线垂直或大致垂直于泵体轴线的柱塞泵。径向柱塞泵的容积效率较高，结构紧凑，变量方式灵活。径向柱塞泵一般可分为轴配流式和阀配流式两种。

图 14–2 所示为轴配流式径向柱塞泵的工作原理和外形。柱塞 1 径向排列安装在转子（缸体）2 中，转子由电动机带动连同柱塞 1 一起旋转。柱塞 1 在离心力的作用下抵紧在定子 4 的内壁上，当转子 2 按图示方向旋转时，由于定子 4 和转子之间有偏心距 e，柱塞 1 绕过上半周时向外伸出，柱塞底部的容积逐渐

增大，形成局部真空，因此，衬套 3（衬套 3 与转子 2 采用过盈配合连接）上的油孔从配油轴 5 的吸油口 b 吸油；当柱塞转到下半周时，定子内壁将柱塞向里推，柱塞底部的容积逐渐减小，向配油轴 5 的压油口 c 压油。当转子旋转一周时，每个柱塞底部的密封容积完成一次吸油、压油，转子连续运转，即完成吸油、压油工作。配油轴固定不动，油液从配油轴上半部的两个孔 a 流入，从下半部两个油孔 d 压出，为了进行配油，配油轴在与衬套 3 接触的一段加工出上、下两个缺口，形成吸油口 b 和压油口 c，留下的部分形成封油区。封油区的宽度应能封住衬套上的吸油口和压油口，以防止吸油口和压油口相连通，但尺寸也不能大得太多，以免产生困油现象。

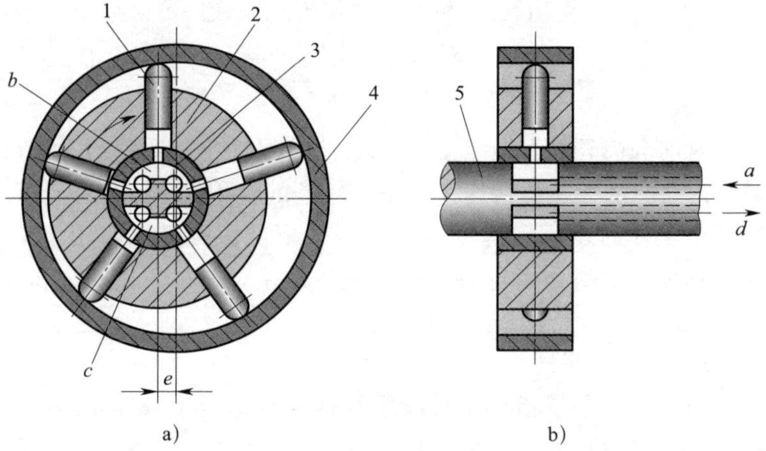

图 14–2　轴配流式径向柱塞泵

a）工作原理　b）外形

1—柱塞　2—转子（缸体）　3—衬套　4—定子　5—配油轴

径向柱塞泵输出流量大，压力高，性能稳定，工作可靠，耐冲击性能好；但结构复杂，径向尺寸大，制造困难，且柱塞顶部与定子内表面为点接触，易磨损，因此限制了它的使用。

§14–3 液压执行元件

一、教学目标

1．了解液压缸的类型，掌握其图形符号。

2．掌握双作用单杆液压缸和双作用双杆液压缸的结构、工作原理和图形符号，了解其工作特性。

3．了解单作用柱塞缸、伸缩缸的结构和特性。

4．了解液压缸的密封装置、缓冲结构和排气装置。

5．了解外啮合齿轮液压马达的工作原理，掌握液压马达的图形符号。

二、教学重点和难点

1．教学重点

（1）液压缸的图形符号。

（2）双作用单杆液压缸的结构和工作原理。

（3）双作用双杆液压缸的结构和工作原理。

2．教学难点

（1）双作用单杆液压缸的结构和工作原理。

（2）双作用双杆液压缸的结构和工作原理。

（3）双作用伸缩缸的结构和工作原理。

三、教学建议

1．教学引入

（1）展示双作用单杆液压缸的实物、模型和工作视频，或让学生列举液压缸在生产和生活中的应用实例，增强学生对液压缸的感性认识，培养学生的学习兴趣。

（2）展示教材图 14–3，让学生分析液压千斤顶的结构，引出液压缸的概念。

2. 液压缸的类型和图形符号

（1）要结合图形符号介绍液压缸的类型，让学生看懂缸体、活塞、活塞杆、进油口、出油口的符号，从而达到能根据图形符号判断液压缸类型的目的。

（2）教学中要让学生明白单作用液压缸是指液压缸只有一个供油口，活塞只能在压力油的作用下产生单向运动，另一个方向的运动依靠自重（垂直放置时）或弹簧力及其他外力来实现。双作用液压缸有两个供油口，活塞的双向运动都依靠压力油的作用来实现。

（3）在讲解液压缸的结构时，要结合液压缸的图形符号进行分析，让学生在弄懂液压缸结构的基础上进一步掌握图形符号的含义。

3. 典型液压缸

（1）双作用单杆液压缸

1）展示教材图 14–16 的 AR 教学资源，让学生了解双作用单杆液压缸的结构。

2）展示教材图 14–16，指导学生看懂视图，并重点分析缸体和活塞的结构，分析油口和液压油腔的位置。

3）让学生分析双作用单杆液压缸活塞两侧油腔的有效容积，思考问题：在液压缸输入流量不变的情况下，活塞杆伸出的速度和退回的速度一样吗？是活塞杆伸出的速度快，还是退回的速度快？为什么？

4）让学生分析双作用单杆液压缸活塞两侧油腔的有效容积，思考问题：如果液压缸两侧输入的油液压力相等，活塞受到的作用力相等吗？引导学生通过分析得出结论：如果活塞两端接入同等压力的液压油，则活塞向有杆腔运动。

5）展示教材图 14–19，让学生分析差动连接的工作特点。

6）液压系统工作时，系统压力不是恒定的，而是受外负载影响。当外负载变化时，液压系统的压力也会改变。要通过分析液压缸的工作过程让学生明白这个道理。

（2）双作用双杆液压缸

1）展示双作用双杆液压缸的结构原理图，引导学生将其与双作用单杆液压缸的结构进行比较，找出其结构的异同。

2）通过分析结构，特别是分析压力油的有效作用面积，得出结论：有效作用面积相等，故工作台往复运动速度和液压推力也相等。

3）分析双作用双杆液压缸两种固定方式下活塞杆的行程，得出结论：双作用双杆液压缸采用缸体固定式比采用活塞杆固定式占用的空间要大。

4. 其他液压缸简介

（1）单作用柱塞缸

1）展示教材图 14–24，让学生分析单作用柱塞缸的工作原理。

2）展示教材图 14–25，引导学生分析单作用柱塞缸的结构。教学中可以提出问题：缸体水平放置的单作用柱塞缸如何让活塞退回？通过分析得出结论：成对使用单作用柱塞缸可以实现活塞的退回。

（2）伸缩缸

展示教材图 14–27，让学生分析伸缩缸的结构，找出伸缩缸两个油口的位置，分析活塞杆伸出和退回时油腔的变化情况。

5. 液压缸的密封以及缓冲装置和排气装置

（1）液压缸的密封

1）展示各种液压缸的结构图，让学生分析密封圈的位置和作用。

2）展示教材图 14–28，介绍间隙密封的原理和特点。

3）介绍动密封和静密封的概念，动密封是有相对运动的构件之间的密封，静密封是指两固定零件之间的密封。

4）展示O形橡胶密封圈、Y形橡胶密封圈和V形组合密封圈的结构图，分析其密封原理。对于Y形橡胶密封圈和V形组合密封圈，要重点分析其装配方向。

（2）液压缸的缓冲装置

1）强调缓冲的重要性，提出问题：液压缸如何缓冲?

2）展示缓冲装置结构原理图，引导学生分析缓冲结构，理解缓冲原理。

（3）液压缸的排气装置

首先要讲清楚液压系统排气的重要性，然后展示排气塞的结构原理图，提出问题让学生思考：排气塞安装在液压缸的什么位置？为什么?

四、补充资料

液压缸的种类

液压缸的种类繁多。按作用方式分类，液压缸分为单作用式和双作用式两大类。单作用式液压缸一个方向的运动靠油液压力实现，而反向运动则依靠重力、弹簧力或其他外力实现；双作用式液压缸正、反两个方向的运动都依靠油液压力实现。按不同的使用压力分类，液压缸分为低压液压缸、中压液压缸、中高压液压缸和高压液压缸。对于机床类机械，一般采用低压液压缸和中压液压缸，其额定压力为2.5 ~ 6.3 MPa；对于要求体积小、质量轻、功率大的建筑车辆和飞机用液压缸，多采用中高压液压缸，其额定压力为10 ~ 16 MPa；对于油压要求特别高的机械，大多数采用高压液压缸，其额定压力为25 ~ 31.5 MPa。按结构形式不同分类，液压缸又有活塞式、柱塞式、摆动式、伸缩式等形式，其中以活塞式液压缸应用最多。而活塞式液压缸又分为单活塞杆液压缸和双活塞杆液压缸，按照固定方式不同，活塞式液压缸又可以分为缸体固定式和活塞杆固定式。

§ 14–4　液压控制元件

一、教学目标

1. 了解单向阀的结构，掌握其工作原理和图形符号。

2. 掌握滑阀式换向阀的工作原理，了解换向阀的分类。

3. 了解典型换向阀的结构，掌握其工作原理。

4. 掌握常用换向阀的图形符号。

5. 了解溢流阀、减压阀、顺序阀、压力继电器、节流阀和调速阀的结构，掌握其工作原理和图形符号。

二、教学重点和难点

1. 教学重点

各种液压控制元件的工作原理和图形符号。

2. 教学难点

各种液压控制元件的结构和工作原理。

三、教学建议

1. 教学引入

教学中，教师可以列举生活中的例子，提高学生的学习兴趣。如让学生思考以下问题：

（1）压力锅上有哪些安全保护装置？

（2）厨房烟道为什么要安装止逆阀？止逆阀有什么作用？

（3）水龙头为什么能控制水的流量？

2. 方向控制阀

（1）单向阀

1）展示教材图 14–33b 和配套的 AR 教学资源，让学生分析管式单向阀的结构，思考以下问题：

①阀体的内腔是什么结构？

②阀芯是什么结构？

③弹簧有什么作用？

④管式单向阀如何安装？

2）展示教材图 14–33a，让学生分析单向阀的作用：使通过阀的油液只向一个方向流动，而不能反方向流动。

3）展示教材图 14–34 和配套的 AR 教学资源，让学生分析板式单向阀的结构，思考问题：板式单向阀与管式单向阀在结构上有什么异同？

4）先展示教材图 14–35a，让学生分析液控单向阀的工作原理，然后展示教材图 14–35b、c。让学生了解液控单向阀的结构。

5）展示教材图 14–36，指导学生读懂单向阀的图形符号，分析符号上各基本要素符号的含义。让学生养成在理解的基础上记忆液压元件图形符号的良好习惯。

（2）换向阀

1）换向阀的工作原理

①展示教材图 14–37a，让学生先看懂图形，了解滑阀式换向阀的结构。

②教师要讲清楚图中各字母的含义：*P* 为进油口，接液压泵；*T* 为回油口，接油箱；*A*、*B* 为工作油口，接液压缸。

③教师分别展示教材图 14–37b 和图 14–37c，让学生分析滑阀式换向阀的工作原理。

④“位”和“通”是换向阀的重要概念。教师要结合图 14–37 讲解“位”和“通”，强调：“位”是阀芯工作位置的数目，“通”是油口的数目。

⑤展示教材表 14–8，简单介绍换向阀的分类方法与类型，让学生对换向阀的类型有一个大致了解。教学中，可结合实例

介绍换向阀的操纵及控制方式。

2）典型换向阀

①二位二通手动换向阀。展示教材图 14–38，首先让学生了解二位二通手动换向阀的结构，然后展示二位二通手动换向阀的 AR 教学资源，让学生弄懂其工作原理。

②三位四通电磁换向阀

a．展示教材图 14–39a，让学生了解阀体的结构及各油口的位置和用途，然后解释电磁铁通电对阀芯的影响，即：左侧电磁铁通电，阀芯右移；右侧电磁铁通电，阀芯左移。

b．展示教材图 14–40，引导学生分析三位四通电磁换向阀的工作原理。在学生掌握工作原理后，展示教材图 14–41，让学生分析阀体的结构。在此基础上展示教材图 14–39b，让学生全面掌握三位四通电磁换向阀的结构和工作原理。

3）换向阀的图形符号

①展示教材图 14–42，分析图形符号的组成，让学生理解换向阀的“位”和“通”在图形符号上的体现。

②展示教材表 14–9，引导学生分析常用滑阀式换向阀主体部分的结构形式，同时能看懂及绘制其图形符号。

③展示教材表 14–10，介绍常用液压（气动）阀控制方式的图形符号。

④展示教材表 14–11，让学生先看懂三位换向阀的结构原理图，再分析其图形符号。

⑤展示几个完整的换向阀的图形符号，让学生看懂图形符号并分析其工作原理。

教学中要注意分析符号中各基本要素的图形符号的含义，让学生在理解的基础上记忆液压元件的图形符号。

3．压力控制阀

（1）溢流阀

分析液压系统压力与液压缸外负载之间的关系，分析油液压力不稳定对设备精度的影响，分析过载对液压系统的危害，以此引出溢流阀的概念。

1）溢流阀的分类及工作原理

①直动式溢流阀

a．展示教材图 14–43b 和配套的 AR 教学资源，先让学生了解直动式溢流阀的结构，重点分析各油口的位置、阀芯的结构及运动情况。

b．展示教材图 14–43a，引导学生分析进油口压力 p 的变化对阀芯位置的影响。重点分析阀口关闭和阀口打开对系统压力的影响，即：当进油口压力不足以打开阀芯时，系统压力的变化不受溢流阀影响；当进油口压力超过溢流阀的调定压力时，阀芯打开，系统压力由溢流阀控制。

c．由于直动式溢流阀的结构比较简单，在教学中教师要以引导为主，尽量让学生自己分析。教学中可以设计一些相关问题，用问题引导学生学习。例如：弹簧有什么作用？在什么情况下阀芯关闭油路？如何调节溢流阀的溢流压力？

②先导式溢流阀

a．展示教材图 14–44b 和配套的 AR 教学资源，让学生了解先导式溢流阀的结构。首先让学生分清楚主阀和先导阀的位置，然后重点分析各油孔的位置和作用。

b．展示教材图 14–44a，将阀分解为主阀和先导阀两部分。

c．分析主阀的阀芯，介绍阻尼孔的作用。

d．在分析先导阀的工作原理时，要重点分析液压油的流通路线和各位置压力油的压力变化情况。

e．要重点分析先导阀打开前和打开后阻尼孔两端油液压力差的变化情况。阻尼孔压力差的变化是导致先导式溢流阀打开的重要原因，这一点必须让学生弄明白。

溢流阀的结构与减压阀和顺序阀的结构都有类似的地方，学生掌握溢流阀的工作原理后，再学习减压阀和顺序阀的工作原理就比较简单了，因此，要让学生掌握溢流阀的工作原理后再进行下一步的教学。

2）溢流阀的图形符号。图形符号中各基本要素符号的形状和位置都有特殊的含义，例如，溢流阀方框中的箭头线表示压力油的流向，位置在弹簧的对面并与表示油路的线错开，表示在常位下油路不接通。在分析溢流阀的图形符号时，要结合工作原理，并分析进油口和出油口的位置。

3）溢流阀的应用。在分析教材图 14–46 时，要注意分析油路中其他元件的符号和作用，结合液压回路的工作原理分析溢流阀的作用。

（2）减压阀

分析液压系统不同执行元件对压力的要求，提出问题：如何让一台液压泵供油的系统使不同的支路得到不同的压力。以此引出减压阀的概念。

1）减压阀的分类及工作原理

①直动式减压阀

a．展示教材图 14–47b 和配套的 AR 教学资源，让学生了解直动式减压阀的结构，并重点分析阀芯的结构。

b．教师讲解减压原理：压力油通过缝隙时会降压。

c．展示教材图 14–47a，分析直动式减压阀内部的油路，让学生明白减压阀在常位时是开启的。

d．教学中要进行以下分析：阀芯的受力情况、出口压力对阀芯受力的影响、阀芯位置对出口压力的影响。

e．让学生分析：什么情况下阀芯在下方不动？什么情况下阀芯向上移动？

f．让学生分析：为什么减压阀出油口压力的大小取决于出口所接负载的大小，但其最大值不超过减压阀的调定值？直动式减压阀的出油口压力如何调节？

g．让学生思考问题：减压阀为什么要单独设置泄油口？

②先导式减压阀

a．展示教材图 14–48b 和配套的 AR 教学资源，让学生了解先导式减压阀的结构。

b．展示教材图 14–48a，引导学生分析：先导式减压阀的主阀芯与直动式减压阀的阀芯有什么区别？

c．让学生思考：阻尼孔有什么用途？阀芯受哪些力的作用？阀芯上腔与下腔的油液压力什么时候相同，什么时候不同？阀芯在什么情况下会向上移动？

d．让学生思考以下问题：先导阀什么时候会接通？从先导阀流出的油液去哪里了？

2）减压阀的图形符号

①减压阀的图形符号与溢流阀的图形符号非常相似，学生容易混淆。教学中，可将两个元件的图形符号都展示出来，让学生进行比较。

②在比较的过程中，让学生思考：为什么减压阀的箭头线与表示油路的线对齐，而溢流阀的箭头线则错开？为什么减压阀的图形符号上要画油箱的符号，而溢流阀不画？为什么减压阀表示控制信号的虚线从出油口引出，而溢流阀表示控制信号的虚线从进油口引出？以此培养学生识读液压元件图形符号的能力，使其能通过分析图形符号了解液压元件的功能。

3）减压阀的应用。对比分析减压阀与溢流阀在油路中的安装情况，得出结论：减压阀串联在油路中，出油口连接某分系统的进油口。溢流阀并联在管路中，出油口为油箱。

（3）顺序阀

1）顺序阀的分类及工作原理

①直动式顺序阀

a．展示教材图 14–51b 和配套的 AR 教学资源，让学生了解直动式顺序阀的结构，分析阀芯在常位时阀的工作状态。

b．展示教材图 14–51a，让学生找到其进油口、出油口和泄油口，并思考以下问题：泄油口与什么相连？

c. 引导学生分析直动式顺序阀阀芯的受力情况，思考问题：阀芯在什么情况下才会向上移动？

d. 展示教材图 14–54，让学生懂得：顺序阀是串联在油路中的，出油口有压力。

e. 让学生对比分析直动式顺序阀与直动式溢流阀、直动式减压阀的结构有什么异同？

②先导式顺序阀

a. 展示教材图 14–52b 和配套的 AR 教学资源，让学生了解先导式顺序阀的结构，找到进油口、出油口和泄油口，分析主阀芯的受力情况。

b. 展示教材图 14–52a，让学生分析：先导式顺序阀的主阀芯与直动式顺序阀的阀芯有什么不同？

c. 让学生对比分析先导式顺序阀与先导式减压阀的结构，分析它们有哪些相同的地方。

d. 引导学生分析先导式顺序阀的工作原理，教学中可以提出以下问题：

先导式顺序阀进油口的压力油腔都与哪些油腔相连？

压力油是如何作用到先导式顺序阀阀芯上的？

阻尼孔 b 在什么情况下不起作用？什么情况下起阻尼作用？

先导式顺序阀的泄油口在什么位置？与什么相连？

外控式顺序阀是如何实现外部油液控制的？

2）顺序阀的图形符号。让学生比较顺序阀与溢流阀的图形符号，不难看出：顺序阀的图形符号与溢流阀的图形符号基本相同，只是顺序阀有油箱的要素符号，而溢流阀没有。

3）顺序阀的应用。展示教材图 14–54，让学生分析顺序阀在回路中有什么作用？哪个液压缸先动作？哪个液压缸后动作？

4）溢流阀、减压阀和顺序阀的工作特点比较。比较溢流阀、减压阀和顺序阀在液压系统中的位置，让学生思考以下问题：

①它们是如何接入系统的？是串联还是并联接入的？

②它们各起什么作用？

③它们的出油口是与支路相连还是与油箱连接？

④它们的图形符号有什么异同？

（4）压力继电器

1）展示教材图 14–55b 和配套的 AR 教学资源，引导学生分析压力继电器的结构，重点分析柱塞的受力及移动情况。

2）展示教材图 14–55a，引导学生找到进油口 P 和泄油口 L 的位置。依次分析顶杆和柱塞的关系、弹簧的作用、压力继电器的工作原理和调压方法。

3）展示教材图 14–57，让学生先认识回路中各元器件的名称和用途，然后分析三位四通电磁换向阀和液压缸的工作情况，再分析压力继电器的作用，最后分析液压回路的工作原理。

4. 流量控制阀

（1）节流阀

1）节流阀的工作原理与水龙头很相似，都是通过改变通流面积来调节流体的流量，教学中可通过分析水龙头的工作状况进行教学内容的引入。

2）展示教材图 14–58b 和配套的 AR 教学资源，让学生分析节流阀的结构，特别注意分析阀芯的结构，并思考问题：节流阀的弹簧与直动式减压阀弹簧的作用相同吗？阀芯在工作时会不会像直动式减压阀的阀芯那样随着压力的变化而移动？

3）在学生了解了节流阀的基本结构后展示教材图 14–58，分析节流阀的工作原理：通过改变节流口的通流截面积来调节油液通过阀口的流量，从而控制执行元件的运动速度。

4）让学生对比分析节流阀和直动式减压阀，不难看出：两者都是利用通流截面积的改变来实现其功能的。直动式减压阀可以根据压力的变化自动调整阀芯的位置，也可以通过调节调压螺杆的位置来调节阀芯的位置；节流阀只能通过流量调节螺杆调整阀芯的位置。

5）展示教材图 14–59，让学生看懂视图，分析节流口的形状和改变节流口大小的方法。

（2）调速阀

1）调速阀的结构比较复杂，为了便于学生理解调速阀的工作原理，掌握调速阀的结构，编写教材时先通过工作原理示意图分析工作原理，然后给出结构图分析结构。

2）教学中，可以结合工作原理示意图介绍调速阀的组成，让学生思考以下问题：调速阀有几个阀芯？在工作中，阀芯是否移动？阀芯的移动对进油口和出油口的压力有什么影响？

3）教师将调速阀的结构分解为减压阀与节流阀，让学生分别分析减压阀的工作原理和节流阀的工作原理。

4）分析普通节流阀的流量受外负载影响的情况：外负载增加，液压缸压力油的压力增大，节流阀两端压差减小，流量变小，活塞运动速度变慢；外负载降低，液压缸压力油的压力降低，节流阀两端的压力差增大，流量变大，活塞运动速度增大。

5）在分析负载增加和压力降低情况下调速阀的稳压原理时，重点引导学生分析以下问题：

①压力变化对减压阀阀芯移动方向有什么影响？

②如何保证流量不受外负载影响？（保持节流阀两端的压力差）

③如何保持节流阀两端的压力差基本不变？

6）展示教材图 14–61 的 AR 教学资源，让学生了解调速阀的结构。重点分析以下内容：

①进油口在什么位置？出油口在什么位置？

②减压阀在什么位置？节流阀在什么位置？

③减压阀和节流阀之间有哪些相连的通道？

④减压阀的阀芯受哪些力的作用？节流阀的阀芯受哪些力的作用？

⑤如何调节调速阀的流量?

7）展示教材图 14–62，让学生分析节流阀和调速阀图形符号的含义。

8）展示教材图 14–63，引导学生分析各液压元件的功能，分析回路的工作原理。思考问题：如何调节液压缸活塞的运动速度?

四、补充资料

1. 电液换向阀

电液换向阀是电磁换向阀和液控换向阀的组合。电磁换向阀是先导阀，控制液控换向阀换向；液控换向阀是主阀，控制液压传动系统执行元件的动作。

如图 14–3 所示为三位四通电液换向阀，其工作原理如下：电磁阀阀芯处于中位时，液控换向阀的阀芯在弹簧力的作用下也处于中位，主阀上 *A*、*B*、*P*、*T* 油口均被封堵。当左端电磁铁通电时，电磁阀阀芯 5 右移，控制油液经电磁阀、左端单向阀流入主阀左端油腔，推动主阀阀芯右移；此时主阀阀芯右端油腔的回油经右端的节流口、电磁阀流回油箱，使 *P*、*A* 相通，*B*、*T* 相通。反之，当右端的电磁铁通电时，主阀阀芯左移，使 *P*、*B* 相通，*A*、*T* 相通。这种换向阀适用于高压、大流量的场合。

a)

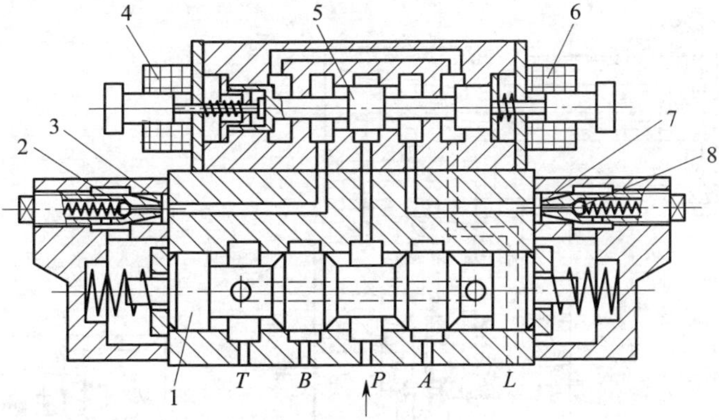

b）

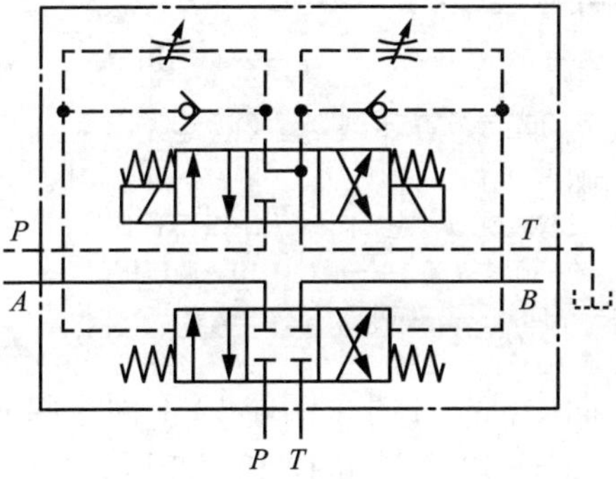

c）

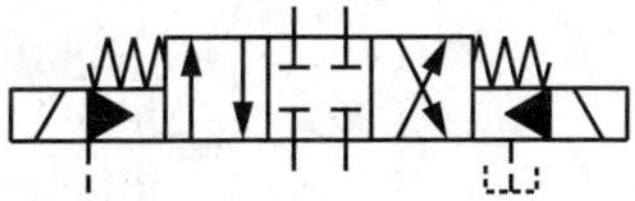

d）

图 14–3　三位四通电液换向阀

a）实物图　b）结构原理图　c）详细图形符号　d）简化图形符号

1—主阀阀芯　2、8—单向阀　3、7—节流阀　4、6—电磁铁　5—电磁阀阀芯

2. 单向减压阀

单向减压阀是由单向阀和减压阀并联组成的复合阀。图 14–4 所示为由先导式减压阀和单向阀并联组成的单向先导式减压阀。单向阀阀芯（钢球）13 上面的空腔 r 通过孔 s 与进油口 P 相通，钢球 13 下面的孔 t 通过孔 u 与出油口 A 相通。

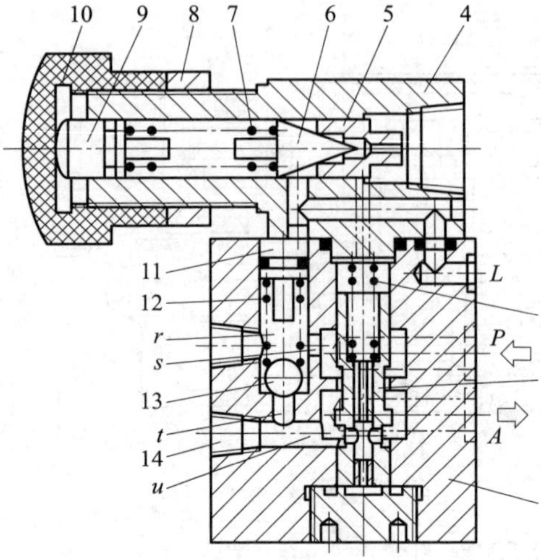

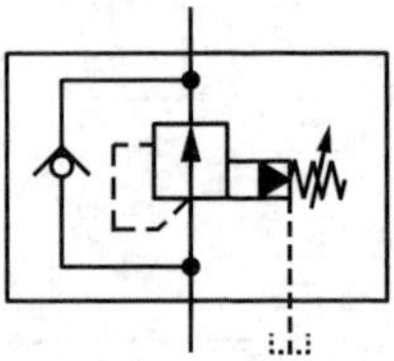

图 14-4　单向先导式减压阀

a）结构原理图　b）图形符号

1—主阀体　2—主阀芯　3—主阀弹簧　4—先导阀体　5—先导阀座
6—先导阀芯　7—先导阀弹簧　8—锁紧螺母　9—滑柱　10—调压螺母
11—杆　12—弹簧　13—单向阀阀芯（钢球）14—螺塞

当压力油从进油口 P 流向出油口 A 时，钢球 13 上面空腔 r 的压力大于下面孔 t 的压力，钢球 13 在弹簧 12 和两腔压力差的作用下压紧在孔 t 上端的圆锥面上，单向阀关闭。这时单向先导式减压阀的工作情况与先导式减压阀完全相同。

当压力油反方向从油口 A 流入时，压力油通过孔 u、t 克服弹簧 12 的作用力将钢球 13 向上顶开，油液通过单向阀进入空腔 r，经过孔 s，从油口 P 流出。这时减压阀不工作，油液通过单向阀时的阻力损失很小。

弹簧 12 的上端由杆 11 支承。由于工艺上的需要，主阀体 1 上的孔 u 和孔 s 必须由左向右钻孔，再用两个螺塞 14 将其堵住。

3. 单向顺序阀

单向顺序阀由单向阀和顺序阀并联组合而成，如图 14–5a 所示。当油液从 P 口流入时，单向阀关闭，顺序阀起控制作用；当油液从 A 口流入时，油液经单向阀从 P 口流出。

单向顺序阀的图形符号如图 14–5b 所示，它由顺序阀的图形符号和单向阀的图形符号并联而成。

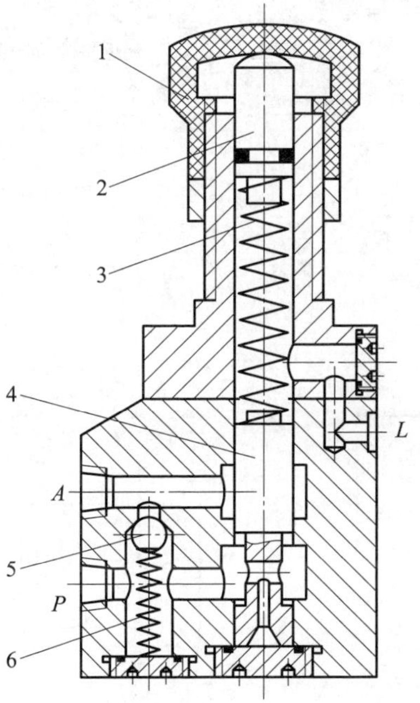

a）

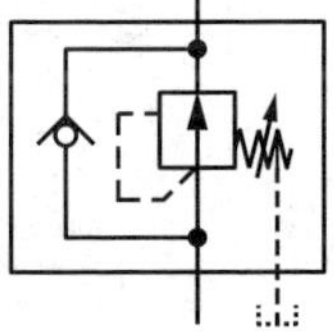

b）

图 14–5　单向顺序阀

a）结构原理图　b）图形符号

1—调压螺母　2—滑柱　3—调压弹簧

4—阀芯　5—单向阀钢球　6—单向阀弹簧

4. 单向节流阀

单向节流阀由节流阀和单向阀组合而成，如图 14–6a 所示为 MK 型单向节流阀，它利用一个阀芯同时起节流阀和单向阀的作用。当压力油从油口 *P* 流入时，油液经阀芯上的轴向三角槽节流口从油口 *A* 流出，旋转调压螺母 1 可改变节流口通流面积的大小，进而调节流量，此时该阀起节流阀作用。当压力油从油口 *A* 流入时，在油压作用下，阀芯下移，压力油从油口 *P* 流出，此时该阀起单向阀作用。

单向节流阀的图形符号如图 14–6b 所示，它由节流阀的图形符号和单向阀的图形符号并联而成。

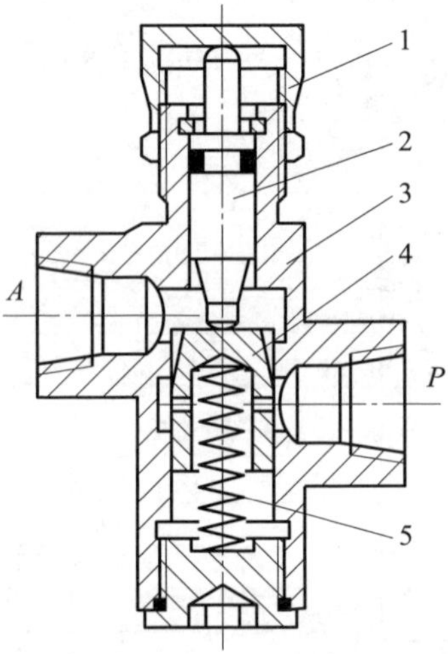

a）

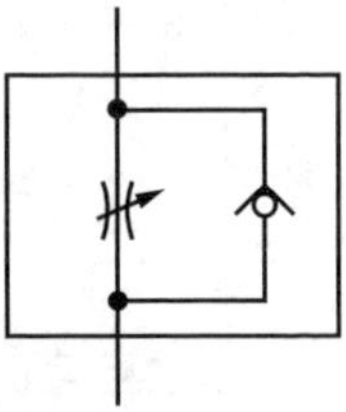
b）

图 14–6　单向节流阀

a）MK 型单向节流阀结构原理图　b）图形符号

1—调压螺母　2—滑柱　3—阀体　4—阀芯　5—弹簧

§14–5　液压辅助元件

一、教学目标

1．了解过滤器、蓄能器、油管、管接头、油箱的结构、功能和应用。

2．掌握过滤器、蓄能器和油箱的图形符号。

3．掌握管路接点的画法。

二、教学重点和难点

1．教学重点

（1）过滤器、蓄能器和油箱的图形符号。

（2）管路接点的画法。

2．教学难点

过滤器、蓄能器、油管和管接头、油箱的结构。

三、教学建议

1．过滤器

（1）分析液压系统在工作过程中可能产生污染的情况，分析油污对液压元件的危害，提出过滤要求，引出过滤器的概念。

（2）展示网式过滤器、线隙式过滤器、烧结式过滤器、纸芯式过滤器和磁性过滤器的结构图，引导学生分析其结构和过滤原理，教师讲解其特点和应用。有条件的学校可以给学生展示实物。

（3）展示过滤器的图形符号，让学生分析符号的含义。

2．蓄能器

（1）展示气囊式蓄能器的结构原理图，引导学生分析其结构，思考以下问题：

1）充气阀有什么作用？在气囊式蓄能器工作时，充气阀是开启的还是关闭的？

2）气囊用什么材料制成？有什么作用？

3）提升阀起什么作用？

（2）展示气囊式蓄能器的图形符号，让学生分析其含义。

（3）展示教材图 14–67，引导学生分析液压回路的工作原理，思考问题：蓄能器在什么时候充油？什么时候向系统供油？

3．油管

（1）展示各种油管的图片或实物，分析其特点和用途。

（2）展示教材图 14–69，讲解管路接点的画法。

4．管接头

（1）展示各种管接头的结构原理图，引导学生看懂视图，分析其结构和密封原理。

（2）讲解各种管接头的应用特点。

5．油箱

展示教材图 14–71，让学生分析图中元件的位置和作用，思考以下问题：

（1）油箱有什么作用？

（2）回油管在什么位置？吸油管在什么位置？

（3）过滤器安装在什么位置？该过滤器是粗过滤器还是精过滤器？

（4）隔板有几块？在什么位置？有什么作用？

6．压力表

展示教材图 14–72，让学生认识压力表，了解压力表的工作原理，识读压力表的图形符号。

§ 14–6　液压传动系统基本回路

一、教学目标

1．了解换向回路和锁紧回路中各液压元件的功能，掌握这两种方向控制回路的工作原理。

2．了解调压回路、支路减压回路、增压回路、卸荷回路中各液压元件的功能，掌握这四种压力控制回路的工作原理。

3．了解调速回路和速度换接回路中各液压元件的功能，掌握常用调速回路和速度换接回路的工作原理。

4．了解顺序动作控制回路中各液压元件的功能，掌握顺序动作控制回路的工作原理。

二、教学重点和难点

1．教学重点

方向控制回路、压力控制回路、速度控制回路和顺序动作控制回路的工作原理。

2．教学难点

液压传动系统基本回路中各液压元件的功能。

三、教学建议

液压传动系统基本回路是教学的一个难点，由于液压系统图是用图形符号表示液压元件的，学生学习起来会感觉比较抽象，不容易理解。教学中要利用多媒体动画等形式进行演示，直观、形象地表现液压传动系统中油液行进的路线以及液压元件动作的过程等，以化解教学难点。

1. 方向控制回路

（1）换向回路

1）采用二位四通电磁换向阀的换向回路

①展示教材图 14–73，让学生说出各液压元件的名称。

②引导学生分析二位四通电磁换向阀的功能：二位四通电磁换向阀在电磁铁未通电时，处于右位工作状态（常位）；在电磁铁通电时，处于左位工作状态。

③教师引导学生分析二位四通电磁换向阀在两种状态下液压油的进油路线和回油路线，并分析液压缸活塞的运动方向。

2）采用 H 型三位四通手动换向阀的换向回路

①展示教材图 14–74，引导学生分析其与教材图 14–73 的异同。

②指导学生读懂 H 型三位四通手动换向阀的图形符号，特别要指导学生看懂符号右侧的定位符号 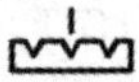。

③引导学生分析 H 型三位四通手动换向阀三种工作状态和相应的液压缸的工作状态。

（2）锁紧回路

1）采用 M 型三位四通电磁换向阀的锁紧回路

①展示教材图 14–75，让学生比较其与教材图 14–74 的异同，分析三位四通电磁换向阀在三个工作位置时液压缸活塞的运动状态。

②让学生比较两种三位四通换向阀的中位机能，分析三位四通换向阀在中位时液压缸的工作状态有什么差异。

2）采用液控单向阀的锁紧回路

①教师指出使用 M 型三位四通换向阀的阀芯时容易泄漏的缺点，引出采用液控单向阀的锁紧回路。

②展示教材图 14–75，让学生对比分析教材图 14–75 与教材图 14–74，并思考问题：两种三位四通电磁换向阀有什么不同？两个液控单向阀是如何连接的？

③引导学生分析图示状态（常位）下液压泵处于什么状态？液控单向阀处于什么状态？液压缸处于什么状态？

④ MB1 通电、换向阀左位接入系统时，压力油经过换向阀进入哪个单向阀？然后流入液压缸的哪侧油腔？液压缸另一侧的回油如何流回油箱？

⑤ MB2 通电、换向阀右位接入系统时，压力油经过换向阀进入哪个单向阀？然后流入液压缸的哪个油腔？液压缸另一侧的回油如何流回油箱？

⑥让学生思考：电磁换向阀在左位或右位工作时，两侧的液控单向阀为什么可以同时打开？

2. 压力控制回路

（1）调压回路

1）展示教材图 14–77，让学生分析液压系统中先导式溢流阀和直动式溢流阀的作用，并思考以下问题：系统如何实现远程调压？

2）让学生思考：如果二位二通电磁换向阀的出油口直接接油箱，当二位二通电磁换向阀通电时，先导式溢流阀的工作状态如何？

（2）支路减压回路

1）展示教材图 14–78，让学生识读单向减压阀中各基本要素符号的含义。

2）教师介绍单向减压阀的组成和功能，有必要时可以补充介绍单向减压阀的结构。

3）引导学生比较教材图 14–78 中两个液压支路的区别。

（3）增压回路

1）展示教材图 14–79，引导学生分析增压液压缸的结构和工作原理，并思考以下问题：

①增压液压缸有几个缸体？有几个活塞？有几个油口？

②增压液压缸为什么能增压？

③如何使液压缸的活塞退回？

2）教师结合增压液压缸的结构图解释增压液压缸的图形符号，重点解释各油口的作用和实心三角形符号的含义。

3）展示教材图 14–81，引导学生分析以下问题：

①什么情况下增压液压缸输出高压油液？什么情况下增压液压缸的活塞向左移动？

②回路中的单向阀有什么用途？

（4）卸荷回路

1）展示教材图 14–82，教师讲解：什么是卸荷？卸荷有什么用途？图示系统是如何实现卸荷的？

2）展示教材图 14–74 和教材图 14–75，让学生分析系统是如何卸荷的，卸荷时液压缸处于什么工作状态。

3）展示教材图 14–77，让学生思考，如何将该回路改造成卸荷回路。

3. 速度控制回路

（1）调速回路

1）进油节流调速回路

①展示教材图 14–83，让学生分析回路中的液压元件。

②让学生识读单向节流阀中各基本要素符号的含义。

③教师介绍单向节流阀的组成和功能，有必要时可以补充介绍单向减压阀的结构。

④让学生结合回路思考：什么情况下油液从节流阀中通过？什么情况下油液从单向阀中通过？

2）回油节流调速回路。同时展示教材图 14–83 和图 14–84，让学生分析两个回路的异同，并思考以下问题：

①液压缸在什么情况下被节流调速？

②回油节流调速回路与进油节流调速回路相比有什么优点？

3）变量泵的容积调速回路

①让学生复习液压泵的有关知识，思考：定量泵和变量泵

有什么区别？

②展示教材图 14–85，引导学生分析液压系统的结构。

③引导学生分析变量泵的作用。

④引导学生分析溢流阀 3 和溢流阀 6 的作用。

⑤引导学生分析单向阀的作用。

⑥引导学生分析回路的工作原理。

（2）速度换接回路

1）液压缸差动连接速度换接回路

①展示教材图 14–86，让学生说出回路中液压元件的名称。

②让学生分析二位三通电磁换向阀 5 的用途。

③让学生认识单向调速阀 4 的图形符号，分析其作用。

④教师根据液压缸活塞杆快进、工进和快退的工作状况指出 MB1、MB2、MB3 的通电和断电状态，让学生分析液压回路的工作原理。

2）短接流量阀速度换接回路。该回路比较简单，重点让学生分析调速阀和二位二通电磁换向阀的作用。

3）串联调速阀速度换接回路。展示教材图 14–88，重点让学生分析调速阀在回路中的作用。

4）并联调速阀速度换接回路。展示教材图 14–89，重点让学生分析二位三通电磁换向阀的作用。

4. 顺序动作控制回路

（1）采用两个单向顺序阀的压力控制顺序动作回路相对复杂些，教学中可将系统工作过程分为按下二位四通手动换向阀手柄和松开手柄两个工作过程。

（2）教师讲解单向顺序阀的组成和用途。

（3）展示教材图 14–90，引导学生分析液压缸活塞杆伸出动作，并思考以下问题：

1）按下二位四通手动换向阀 3 的手柄后，该阀的哪个位置接入系统？

2）压力油先到达哪个液压缸的哪个腔？

3）哪个单向顺序阀的单向阀有油液通过？

4）哪个单向顺序阀的顺序阀在工作？什么时候开始工作？

（4）引导学生分析液压缸活塞杆退回动作，并思考以下问题：

1）松开二位四通手动换向阀 6 的手柄后，该阀的哪个位置接入系统？

2）压力油首先到达哪个液压缸的哪个油腔？

3）哪个单向阀有油液流过？

4）哪个顺序阀将开始工作？

四、补充资料

液压系统泄漏的危害及控制

液压系统的泄漏不仅浪费油液，污染周围环境，严重影响系统工作的安全性，还会延长机器停工时间，降低生产效率，增加生产成本，甚至会造成产品的污损。因此，对液压系统的泄漏必须加以控制。

1. 液压系统泄漏的原因

（1）由设计和制造的缺陷造成。

（2）因冲击和振动造成管接头松动。

（3）动密封件和配合件相互磨损（尤其是液压缸）。

（4）油温过高，橡胶密封与液压油不相容而变质。

2. 控制液压系统泄漏的措施

（1）在制造及运输过程中，要防止各液压元件关键表面磕碰、划伤，同时要对装配及调试过程进行严格的监控，以保证装配质量。

（2）对一些液压系统的泄漏隐患不要掉以轻心，必须加以排除。

（3）使用减振支架固定输油管路，正确安装管接头，以避免或减少因冲击和振动导致管接头松动而引起液压系统的泄漏。

（4）大多数动密封件都是经过精确设计的，只要密封件合格，安装正确，使用合理，便可减少密封件的磨损，保证长时间相对无泄漏工作。

（5）密封件过早变质可能是由多种因素引起的，其中的一个重要因素就是油温过高，且温度每升高 10 ℃，密封件使用寿命就会缩短 50%。因此，应使油液温度保持在 65 ℃以下，工程机械不允许油液温度超过 80 ℃，以防止密封件变质，保证密封件有可靠的密封性能，防止泄漏。

§14–7　液压传动系统应用实例

一、教学目标

通过识读汽车升降平台液压传动系统图和数控车床液压传动系统图，培养学生识读液压传动系统图的能力。

二、教学重点和难点

1. 教学重点

识读汽车升降平台液压传动系统图和数控车床液压传动系统图。

2. 教学难点

识读汽车升降平台液压传动系统图。

三、教学建议

1. 汽车升降平台液压传动系统

（1）展示教材图 14–91，让学生了解汽车升降平台的基本结构，分析工作过程。

（2）展示教材图 14–92，让学生识读系统图中各液压元件的名称，分析两个液压缸的功能。

（3）分析汽车升降平台上升和下降时两个液压缸的动作顺序。

（4）在分析汽车升降平台上升过程时，教师先指出两个液压缸的工作要求：缸 12 的活塞杆缩回，缸 10 的活塞杆上升至顶端。其次指出电磁铁的工作状态：MB2、MB4 通电。最后引导学生分析液压回路的工作原理。

（5）平台下降的过程分为三步：平台先上升、台面解锁、平台下降。教学中，要针对不同的动作过程分析回路的工作原理。

2. 数控车床液压传动系统

数控车床液压传动系统由四个回路并联而成，彼此之间没有联系，教学中可分别进行分析。

（1）卡盘的夹紧与松开

1）引导学生分析教材图 14–93 中先导式减压阀 5、先导式减压阀 6 和二位三通电磁换向阀 7 的用途。

2）引导学生分析卡盘控制回路，并思考以下问题：

①什么情况下卡盘夹紧工件？什么情况下卡盘松开工件？

②什么情况下卡盘高压夹紧？什么情况下卡盘低压夹紧？

（2）刀架的换位与夹紧

1）刀架的换位与夹紧由两个独立的液压支路完成，动作顺序由电磁铁控制。教学中，可以分别分析刀架换位动作与刀架夹紧动作的液压支路。

2）驱动刀架换位的液压系统采用的是双向进油节流调速回路。教学中，可引导学生重点分析单向调速阀在回路中的作用。

3）刀架的夹紧回路是一个简单的换向回路，教师可让学生自己分析。

（3）尾座套筒的伸出与缩回

控制尾座套筒伸出与缩回的回路采用了先导式减压阀、Y

型三位四通电磁换向阀和单向调速阀，教师要引导学生重点掌握它们在回路中的作用。

四、补充资料

阅读液压系统图的一般步骤

1. 全面了解设备的功能、工作循环和对液压系统的要求。例如，机床液压系统是以速度转换为主的液压系统，所以要了解速度转换的平稳性要求，了解控制信号的转换和电磁铁动作等，这有助于有针对性地进行阅读。

2. 仔细研究液压系统中所有液压元件及它们之间的联系，弄清楚各液压元件的类型、原理、性能和功用。对一些用结构原理图表示的专用元件，要特别注意它们的工作原理，要读懂各种控制装置。

3. 仔细分析并写出各执行元件的动作循环和相应的油液所经过的路线。

4. 为便于阅读，最好先将液压系统中各条油路分别进行编码，然后按执行元件划分读图单元，每个读图单元先看执行元件的动作过程，再看控制回路、主油路。要特别注意系统从一种工作状态转换到另一种工作状态时，是由哪些元件发出的信号，又是使哪些控制元件动作来实现的。

§14–8　实训——搭建液压回路

一、教学目标

1. 看懂液压回路图，根据图形符号选择相应的液压元件。
2. 熟悉液压试验室的规章制度，了解液压试验台的结构。
3. 能独立搭建及运行液压回路。

二、教学重点和难点

1. 教学重点

搭建并运行液压回路。

2. 教学难点

搭建并运行液压回路。

三、教学建议

液压试验一般以小组为单位开展，教学过程中要注意培养学生小组合作学习的能力，让小组成员有明确分工，养成“遇到问题，讨论解决”的习惯。

教学中，教师可以结合试验室管理的有关规章制度，培养学生养成良好的学习习惯和工作素养。

1. 分析液压回路

让学生讨论教材图 14–94 的组成和工作原理，并要求学生能默画出液压回路图。

2. 准备设备和元件

根据液压回路图和材料清单领取液压元件，检查液压试验台。注意培养学生独立工作的能力。

3. 安装液压元件

在学生安装元件的过程中，教师要注意巡回指导，及时纠正学生安装过程中出现的“位置不正确，安装不牢固”等问题。

可以成立学生巡回检查小组，帮助教师完成教学工作。

4. 连接各元件

学生在连接元件时，一般采用感觉法或螺母转角法拧紧螺母。由于学生经验不足，往往会出现拧不紧或拧得过紧而损坏螺纹等问题。教学中，教师要进行示范教学，讲解动作要领和应该注意的问题。

5．检查回路

检查回路时，首先让学生自检，然后让检查员复检，最后由教师检查。教学中注意培养学生养成认真负责的工作态度，保证元件选择合适，回路搭建正确，元件安装与管路连接符合要求。

6．运行系统

首先教师在演示工作台上进行系统运行的演示，并讲解运行步骤，然后让学生熟记运行步骤，在确定学生都熟悉步骤后，指导学生运行系统。教师要做好巡回指导工作，及时发现各试验台在运行过程中存在的问题。

教师也可以提前培养各试验小组的组长，让他们先熟练掌握系统运行的步骤，然后由各组组长指导小组成员进行试验。

7．关闭回路，拆卸元件

要让学生掌握关闭回路和拆卸元件的方法。教学中要特别强调：必须等回路释压后才能拆卸元件。要让学生养成爱护液压设备和元件的良好习惯，避免野蛮拆卸。

8．反思与总结

要指导学生做好试验报告，特别注意总结好本次试验的收获。

第十五章　气 压 传 动

学时分配表

章节内容	建议学时
§15–1　气压传动概述	1
§15–2　气源装置、辅助元件和执行元件	3
§15–3　气动控制元件与基本回路	4
§15–4　实训——搭建气动回路	4
合计	12

§15–1　气压传动概述

一、教学目标

（1）了解气压传动的基本原理，掌握气动系统的组成。
（2）掌握气压传动的特点。
（3）了解气压传动和液压传动的区别。

二、教学重点和难点

1. 教学重点

（1）气压传动的基本原理。
（2）气压传动系统的组成。

2. 教学难点

（1）气压传动系统的组成。

（2）气压传动和液压传动的区别。

三、教学建议

1. 教学引入

气压传动在机械制造、电子电器、石油化工、轻工食品包装和工业机器人等行业都有广泛的应用。教师可展示相关机械设备的图片和工作视频，培养学生的学习兴趣。

2. 气压传动的工作原理和组成

（1）气动平口钳工作过程

1）展示教材图 15–2a，先让学生找出自己熟悉的设备或元件，叙述这些设备或元件的用途，然后教师讲授其他设备或元件的用途。

2）展示教材图 15–2b，让学生分析熟悉的图形符号，说出各图形符号的名称。

3）教师对比讲解气动元件图形符号与液压元件图形符号的异同，引导学生用比较法学习气压传动的知识。

4）引导学生用分析液压传动系统的方法分析气动平口钳气动系统图。教学中，可以用以下问题引导学生进行分析：

①旋钮式二位三通换向阀有什么用途？它有几种工作状态？如何实现该换向阀的换位？

②单气控二位五通换向阀有什么用途？它的常位是什么位置？如何实现换位？

③如何实现气动平口钳的夹紧？

④如何实现气动平口钳的松开？

（2）气压传动的工作原理

对比分析气压传动与液压传动的工作原理，找出两者的异同。指出：气压传动与液压传动最大的区别是工作介质不同。

（3）气动系统的组成及各部分的作用

1）气源装置。展示空气压缩机的实物或图片，结合生产和生活实践简单介绍其用途，让学生分析空气压缩机与液压泵图形符号的不同之处。

2）执行元件。展示气缸和气马达的实物或图片，结合液压缸和液压马达分析其用途。让学生通过分析得出结论：气缸和液压缸的图形符号是相同的。

3）控制调节元件。展示教材图 15–2b，引导学生分析图中减压阀、旋钮控制阀和方向控制阀的图形符号，得出结论：气动系统控制调节元件的图形符号与液压传动系统的图形符号类似或相同。

4）辅助元件。引导学生分析教材图 15–2b 中排水过滤器的图形符号，分析各基本要素符号的含义。同时教师简单介绍油雾器的作用。

5）工作介质。教师简单介绍空气的成分，重点介绍空气中的杂质，特别是水分、油分和灰尘颗粒，要分析它们对气动系统的危害，以引起学生的重视。

3. 气压传动的特点

（1）教学中，首先分析空气的特性，如来源方便、没有污染、流动损失小、可压缩等，然后分析这些特性对气动系统的影响。

（2）教学中，对比分析气动系统与液压系统的不同，如动作速度、润滑、工作压力、噪声等。

4. 气压传动和液压传动的区别

让学生根据前面所学的知识比较气压传动和液压传动的性能。

§15–2 气源装置、辅助元件和执行元件

一、教学目标

1. 了解空气压缩站的基本组成，掌握空气压缩机的组成和用途。

2．了解油雾分离器、气罐、排水过滤器、油雾器、消声器、气管与气动管接头的结构、原理和用途，了解气动三联件的组成。

3．掌握单作用单杆气缸和双作用单杆气缸的结构和工作原理。

4．掌握常用气源、气动执行元件和辅助元件的图形符号。

二、教学重点和难点

1．教学重点

（1）空气压缩机的结构。

（2）单作用单杆气缸和双作用单杆气缸的结构。

（3）常用气源、气动执行元件和辅助元件的图形符号。

2．教学难点

（1）排水过滤器和油雾器的结构和工作原理。

（2）单作用单杆气缸和双作用单杆气缸的结构和工作原理。

三、教学建议

1．气源装置

（1）空气压缩站

展示教材图 15–3，简单介绍空气压缩站的组成。介绍一次净化和二次净化的工艺流程。

（2）空气压缩机

1）展示教材图 15–4，介绍空气压缩机的结构，重点介绍空气压缩机构、气罐、排水器、压力开关、压力表的用途。

2）展示教材图 15–5，先让学生看懂两级活塞式空气压缩机的结构，分析进气阀和排气阀的用途，然后教师分析两级活塞式空气压缩机的工作原理。

3）简单介绍空气压缩机的优缺点。

2. 气动辅助元件

（1）手动排水分离器

展示教材图 15–6，让学生分析以下问题：

1）压缩空气由何处进入手动排水分离器？压缩空气是如何在手动排水分离器中流动的？从何处排出？

2）压缩空气中凝结的水滴、油滴等杂质是如何析出的？

（2）气罐

展示教材图 15–7，让学生分析以下问题：

1）气罐的进气口和出气口在什么位置？

2）气罐有什么用途？

（3）手动排水过滤器

展示教材图 15–8，让学生分析以下问题：

1）手动排水过滤器的进口和出口在什么位置？

2）在手动排水过滤器中，旋风叶子起什么作用？

3）在手动排水分离器中，较大的水滴和油滴是如何被分离出来的？微粒灰尘和雾状水汽是如何被滤除的？

（4）油雾器

展示教材图 15–9，让学生分析以下问题：

1）油雾器有什么用途？

2）油雾器是如何雾化润滑油的？

（5）气动三联件及气动二联件

展示教材图 15–10，介绍气动三联件的组成。让学生思考：从气动三联件输出的压缩空气有什么特点？

（6）消声器

展示教材图 15–11，分析消声器的消声原理。让学生思考：声音去哪里了？

（7）气管与气动管接头

展示教材图 15–12，让学生了解常用气动管接头的类型。展示教材图 15–13，让学生分析插入式气动管接头的结构，思考以下问题：接管是如何与管接头相连的？如何防止接管的松脱？如何卸下接管？

3. 气动执行元件

（1）气缸

1）单作用单杆气缸。展示教材图 15–14 和配套的 AR 教学资源，让学生了解单作用单杆气缸的结构并分析以下问题：

①单作用单杆气缸由哪些零件组成？

②进气口在什么位置？为什么要设置呼吸口？

③活塞杆与活塞是如何连接的？

④在哪些位置有密封圈？各起什么作用？

2）双作用单杆气缸。展示教材图 15–15 和配套的 AR 教学资源，让学生了解双作用单杆气缸的结构并分析以下问题：

①进气口和出气口在什么位置？

②活塞杆与活塞是如何连接的？

③在哪些位置有密封圈？各起什么作用？

（2）气马达

1）展示教材图 15–16a，让学生分析非膨胀叶片式气马达的工作原理，教师介绍“非膨胀”的含义（气体在气马达的内腔中没有发生膨胀）。

2）展示教材图 15–16b，先让学生分析其与图 15–16a 在结构上的差异，然后分析气体的体积在气马达内腔中的变化。教师介绍其工作特点。

4. 常用气源、气动执行元件及辅助元件的图形符号

展示教材表 15–2 中气源、气动执行元件和辅助元件的图形符号，让学生分析其与液压元件图形符号的异同。

§15-3　气动控制元件与基本回路

一、教学目标

1. 了解单向阀和二位三通机动换向阀的结构，掌握其工作原理；掌握常用气动换向阀的图形符号；掌握单往复动作回路的工作原理。

2. 了解直动式溢流阀和直动式减压阀的结构，掌握其工作原理和图形符号。掌握高低压转换回路的工作原理。

3. 了解节流阀、排气节流阀和单向节流阀的结构，掌握其工作原理和图形符号。掌握排气节流调速回路的工作原理。

二、教学重点和难点

1. 教学重点

（1）常用气动控制元件的工作原理和图形符号。

（2）常用基本气动控制回路的工作原理。

2. 教学难点

常用气动控制元件的结构和工作原理。

三、教学建议

1. 方向控制阀与方向控制回路

（1）方向控制阀

1）单向阀

①展示教材图 15-17b 和配套的 AR 教学资源，让学生分析气动单向阀的结构，并与液压单向阀的结构进行比较。

②展示教材图 15-17a，让学生分析气动单向阀的工作原理。展示单向阀的图形符号，告诉学生气动单向阀和液压单向阀的

图形符号相同。

2）换向阀

①展示教材图 15-18c 和配套的 AR 教学资源，让学生分析二位三通机动换向阀的结构。教师介绍进气口、出气口和排气口的作用。引导学生思考问题：二位三通机动换向阀的进气口、出气口、排气口在什么位置？它们与什么相连？

②展示教材图 15-18a，引导学生分析图示状态换向阀的工作情况。

③展示教材图 15-18b，引导学生分析换向阀工作状况的变化情况。

④展示教材表 15-3 中换向阀的图形符号，让学生分析气动换向阀和液压换向阀的图形符号有何异同？

（2）方向控制回路

展示教材图 15-19，引导学生分析以下问题：

1）系统图中有哪些气动元件？各起什么作用？

2）如何使气缸的活塞杆伸出？如何使活塞杆缩回？

3）按下二位三通手动换向阀后可以把手移开吗？如果一直按着换向阀的手柄，系统会如何工作？

2. 压力控制阀与压力控制回路

（1）压力控制阀

1）溢流阀

①展示教材图 15-20b 和配套的 AR 教学资源，让学生分析气动系统用直动式溢流阀的结构并思考问题：直动式溢流阀的进气口在什么位置？出气口在什么位置？溢流阀中的弹簧有什么作用？

②展示教材图 15-20a，让学生分析直动式溢流阀的工作原理并思考问题：什么情况下溢流阀处于关闭状态？什么情况下溢流阀处于开启状态？

③展示气动系统用直动式溢流阀的图形符号，让学生识读各基本要素符号的含义，思考问题：气动直动式溢流阀与液压

直动式溢流阀的图形符号有什么区别？

④展示教材图 15-21，引导学生识读回路图中的图形符号，分析回路的工作原理，思考问题：该回路中的溢流阀有什么作用？

2）减压阀。直动式减压阀的结构比较复杂，教学中应以教师讲解为主。

①展示教材图 15-22b，教师分析直动式减压阀的结构，让学生思考问题：直动式减压阀有哪些主要结构？阀杆和阀芯用什么连为一体？阀中有几个弹簧？各起什么作用？

②展示教材图 15-22a，教师分析直动式减压阀的工作原理，让学生思考：压缩空气是如何流经直动式减压阀的？直动式减压阀如何实现减压？阀杆和阀芯的移动对减压及稳压起什么作用？膜片起什么作用？如何调压？

（2）压力控制回路

1）展示教材图 15-23，让学生分析铣床气动夹具的结构和工作原理。

2）展示教材图 15-24，让学生识读图中气动元件的图形符号，回答以下问题：

①回路中用了哪些气动元件？

②气缸的往复运动是如何实现的？

③如何实现高低压转换？

3. 流量控制阀与速度控制回路

（1）流量控制阀

1）节流阀

①展示教材图 15-25b 和配套的 AR 教学资源，让学生分析节流阀的结构。

②展示教材图 15-25a，让学生分析：进气口在什么位置？出气口在什么位置？如何实现节流？

2）带消声器的排气节流阀

①展示教材图 15-26b 和配套的 AR 教学资源，让学生了解

带消声器的排气节流阀的结构。

②展示教材图 15–26a，让学生分析带消声器的排气节流阀的工作原理，思考问题：带消声器的排气节流阀是如何实现节流的？如何调节排气节流阀的流量？消声器为什么可以消声？

③让学生思考问题：排气节流阀的安装位置和节流阀相同吗？为什么？

3）单向节流阀

①展示教材 15–27c 和配套的 AR 教学资源，让学生分析单向节流阀的结构，找到单向阀和节流阀的位置，分析其工作原理。

②展示教材图 15–27a，让学生分析节流进气的工作原理。

③展示教材图 15–27b，让学生分析快速排气的工作原理。

④展示教材图 15–28，让学生识读流量控制阀的图形符号，教师重点分析消声器的图形符号，让学生分析气动流量控制阀与液压流量控制阀图形符号的异同。

（2）速度控制回路

1）采用排气节流阀的气马达速度控制回路。展示教材图 15–29，让学生分析：该排气节流调速回路中有哪些气动元件？各起什么作用？

2）采用单向节流阀的速度控制回路。展示教材图 15–30，让学生分析以下问题：

①图 15–30a 和图 15–30b 有什么不同？

②供气节流调速和排气节流调速各有什么优缺点？

§ 15–4　实训——搭建气动回路

一、教学目标

1. 看懂气动回路图，根据图形符号选择相应的气动元件。

2. 熟悉气动实验室的规章制度，了解气动试验台的结构。

3. 能独立搭建和运行气动回路。

二、教学重点和难点

1. 教学重点

（1）看懂气动连续往复动作回路图。

（2）搭建和运行气动回路。

2. 教学难点

（1）看懂气动连续往复动作回路图。

（2）搭建和运行气动回路。

三、教学建议

气动试验一般以小组为单位开展，教学过程中要注意培养学生小组合作学习的能力，让小组成员明确分工，各负其责。同时让学生交换工作岗位，达到能独立搭建及拆卸回路、检查及运行系统的目的。

1. 分析气动回路

教材图 15–31 是气动连续往复动作回路，学生在前面的学习中并没有接触过该回路，教学中要先让学生识读回路图中各气动元件的图形符号，然后针对以下问题讨论回路的工作原理。

（1）气动连续往复动作回路用到了哪些气动元件？各起什么作用？

（2）如何启动系统？

（3）活塞杆是如何实现向右伸出的？

（4）活塞杆为什么可以自动返回？

（5）活塞杆为什么可以连续往复运动？

（6）如何让活塞停止运动？

2. 准备设备和元件

根据气动控制回路图和材料清单领取气动元件，检查气动试验台，注意培养学生独立工作的能力。

3. 安装气动元件

（1）安装气动元件前，先要让学生学习气动试验注意事项，防止出现设备事故和人身安全事故。

（2）在学生安装元件的过程中，教师要注意巡回指导，及时纠正学生安装过程中出现的“位置不正确，安装不牢固”等问题。

（3）可以成立学生巡回检查小组，培养小组成员掌握相关知识，使其具备搭建及运行气动回路的能力，以便协助教师完成教学工作。

4. 连接各气动元件

气动回路的连接一般采用插入式气动管接头，连接非常方便。教学中主要让学生按照气动回路图进行连接，以防止出现连接错误。

5. 检查回路

气动连续往复动作回路相对比较复杂，要让学生对照气动系统图认真检查所连接的回路是否正确，并且让组长、学生巡回检查组和教师进行复检。

6. 运行气动回路

首先教师在演示工作台上进行系统运行的演示，并讲解运行步骤，然后让学生熟记运行步骤，在确定学生都熟悉步骤后，指导学生运行系统。教师要做好巡回指导工作，及时发现各试验台在运行过程中存在的问题。

教师也可以提前培养各试验小组的组长，让他们先熟练掌握系统运行的步骤。

7. 关闭回路，拆卸气动元件

要让学生掌握关闭回路和拆卸元件的方法。教学中要特别强调：必须等回路释压后才能拆卸元件。要让学生养成爱护气动设备和元件的良好习惯，避免野蛮拆卸。

8. 反思与总结

要指导学生做好试验报告，特别注意总结好本次试验的收获。

附录 《机械基础（第七版）习题册》参考答案

绪　论

一、选择题

1．A　2．A　3．ACB　4．BA　5．B　6．B　7．A

8．C　9．B　10．C　11．C　12．B　13．A　14．AC

15．A　16．C　17．B

二、判断题

1．×　2．√　3．×　4．√　5．√　6．×　7．√

8．×　9．√　10．√　11．×　12．×　13．√

三、填空题

1．力学

2．能量　运动　力　物料　信息

3．动力　传动　执行　控制　支承　辅助

4．机器　机构

5．零件

6．齿轮齿条　上下移动

7．刚性

8．相对运动

9．低副　高副

10．转动　移动　螺旋

11．凸轮　齿轮

12. 螺旋　转动　移动　移动　转动

四、名词解释

1. 机器是人们根据某种使用要求而设计制造的能执行机械运动的装置，用来完成特定的功能，如变换或传递能量、变换与传递运动和力，以及传递物料或信息等。

2. 机构是具有确定相对运动的实物组合。

3. 组成机械的每一个单独加工的单元称为零件。

4. 从运动学的角度出发，机械包含若干个运动单元体，机构中的运动单元体称为构件。

5. 两个构件直接接触组成的可动连接称为运动副。

6. 两构件之间为面接触的运动副称为低副。

7. 仅用简单的线条和符号来代表构件和运动副，并按一定比例表示各构件、运动副的相对位置和运动关系的图形称为机构运动简图。

五、问答题

1. 低副的特点：承受载荷时因单位面积压力较小，故传力性能好，较耐用；低副是滑动摩擦，摩擦损失大，因而效率低；不能传递较为复杂的运动。

2. 高副的特点：承受载荷时的单位面积压力较大，两构件接触处容易磨损；制造和维修困难；能传递较复杂的运动。

3. 动力部分的作用：把其他形式的能量转换为机械能，以驱动机器各运动部件运动。

传动部分的作用：将原动机的运动和动力传递给执行部分。

执行部分的作用：完成机器的工作任务，处于整个传动装置的终端，其结构形式取决于机器的用途。

4. 台式钻床主要由电动机7、带传动机构6、进给机构4、钻夹头3、可调工作台2、底座1、主轴箱8、立柱9等组成。

5．转动旋柄，通过螺旋传动，使压紧螺杆和压紧垫与拉爪之间产生相对运动，从而将套从轴上拆卸下来。

第一章　带　传　动

§1–1　带传动的组成、工作原理和类型

一、选择题

1．B　2．C　3．C

二、判断题

1．×　2．×　3．×　4．×　5．√

三、填空题

1．主动带轮　从动带轮　挠性带

2．紧边（主动边）　松边（从动边）

3．摩擦力　啮合力　运动　动力

4．主动轮转速 n_1　从动轮转速 n_2

5．摩擦型　啮合型

四、名词解释

1．由带和带轮组成传递运动和动力的传动称为带传动。

2．在机械传动系统中，始端主动轮与末端从动轮的角速度或转速的比值称为传动比。

3．传动效率是指传动机构的输出功率与输入功率之比。

§1–2　V 带传动

一、选择题

1．C　2．A　3．A　4．C　5．B　6．C　7．A

8．A　9．C　10．B　11．B　12．C　13．B　14．A

15．B　16．C

二、判断题

1. × 2. √ 3. × 4. √ 5. × 6. × 7. √

8. √ 9. × 10. √ 11. √ 12. × 13. √

14. √ 15. × 16. × 17. × 18. √

19. × 20. ×

三、填空题

1. 摩擦
2. 普通 V 带　窄 V 带
3. 包边　切边
4. 普通　压缩层夹布　有齿
5. 轮缘　轮辐　轮毂
6. 基准宽度　有效宽度
7. 两侧边
8. 基准　有效
9. 基准宽度
10. 有效宽度
11. Y　Z　A　B　C　D　E
12. SPZ　SPA　SPB　SPC　9 N　15 N　25 N
13. 实心　腹板　孔板　轮辐
14. 圆心角
15. 0.7 ~ 2
16. 2 ~ 5　10
17. 调整中心距　采用张紧轮

四、名词解释

1. V 带横截面中梯形轮廓的最大宽度称为顶宽。

2. V 带绕带轮弯曲时，外部受拉伸长，内部受压缩短，长度和宽度均保持不变的面层称为节面，节面的宽度称为节宽。

3. V 带的高度是指 V 带横截面梯形轮廓的高度。

4. V 带的相对高度是指 V 带的高度与其节宽之比。

5. V 带的楔角是指 V 带两侧面所夹的锐角。

6. V 带轮的有效宽度是指轮槽两直侧边的最外端的宽度，即轮槽的顶宽。

7. V 带的基准长度是指 V 带在规定的张紧力下，位于测量带轮基准直径上的周线长度。

8. V 带的有效长度是指 V 带在规定的张紧力下，位于测量带轮有效直径上的周线长度。

五、问答题

1. 该标记的含义如下：带的基准长度为 2 500 mm 的 B 型普通 V 带，国家标准的编号为 GB/T 1171。

2. 普通 V 带轮通常用灰铸铁制造，带速较高时可采用铸钢，功率较小的传动可采用铸造铝合金或工程塑料等。

3.（1）结构简单，制造、安装精度要求不高，使用及维护方便，适用于两轴中心距较大的场合。

（2）V 带具有良好的弹性和挠性，可吸收振动并缓和冲击，从而使传动平稳、噪声小。

（3）过载时 V 带会在带轮上打滑，可以防止零件损坏，起安全保护作用。

六、综合题

V 带传动的应用非常广泛，例如，在生活中，波轮式洗衣机采用了 V 带传动；在生产中，车床采用了 V 带传动；在建筑机械中，平板式混凝土振动器采用了 V 带传动。

§1–3 同步带传动

一、选择题

1. C 2. A 3. A 4. B

二、判断题

1. √ 2. × 3. √ 4. × 5. × 6. ×

三、填空题

1. 啮合　齿槽

2. 齿布　带齿　芯绳　带背

3. 梯形　圆弧

4. 单面　双面

5. 对称　DA　交错　DB

6. 周节制　T 型　AT

7. MXL　XXL　XL　L　H　XH　XXH　小　大　递增

8. 有挡圈　无挡圈

四、名词解释

1. 当带垂直其底边弯曲时，在带中保持原长度不变的任意一条周线称为节线。

2. 在规定的张紧力下，带的纵截面上相邻两齿对称中心线的直线距离称为带齿节距。

3. 带轮上与带的节线重合的圆称为节圆，其直径称为节径。

4. 节圆上相邻两齿同侧齿面间的弧长称为节距。

五、问答题

1. DA 表示双面齿带，560 表示节线长度为 560 in，XH 表示周节制梯形同步带的型号，440 表示带宽为 4.4 in。

2.（1）同步带与带轮工作时无相对滑动，传动准确，具有恒定的传动比。

（2）传动平稳，带具有缓冲、减振能力，噪声低。

（3）传动效率高，节能效果明显。

（4）传动比较大，具有较大的功率传递范围。

（5）传动机构比较简单，维护及保养方便，维护费用低。

（6）结构紧凑，适用于多轴传动。

（7）不需要润滑，无污染。

六、综合题

同步带在 3D 打印机、激光打印机、扫描仪、汽车的传动中广泛应用。

§1–4　实训——调节台式钻床转速

（略）

第二章　链　传　动

§2–1　链传动概述

一、选择题

1. A　2. B　3. B　4. C　5. B　6. B

二、判断题

1. ×　2. ×　3. √　4. √　5. √　6. √　7. ×
8. ×　9. √

三、填空题

1. 链轮　链条
2. 滚子　齿形　滚子
3. 低
4. 精密

四、名词解释

1. 链传动是指通过链条将主动链轮的运动和动力传递到从动链轮的一种传动形式。

2. 主动链轮的转速与从动链轮的转速之比称为链传动的传动比。

§2–2　滚子链传动

一、选择题

1. B　2. C　3. A　4. B　5. B　6. C　7. B　8. C

9. B　10. A　11. C

二、判断题

1. √　2. ×　3. ×　4. √　5. √　6. ×　7. √

8. ×　9. ×　10. √　11. ×　12. ×　13. √

三、填空题

1. 单排链　双排链　三排链

2. 非合金钢　合金钢　表面淬火

3. 内链板　外链板　销轴　套筒　滚子

4. 间隙　间隙

5. 弹簧锁片　开口销　过渡链节

6. 20 A　双

7. 手工　滴油　浸油　飞溅　喷油

8. 功率　磨损　跳动　脱链

9. 无声链　齿链板　导板

四、名词解释

1. 链条相邻两销轴轴线之间的距离称为节距。

2. 链条的节数是指每一根链条中链节的总数。

五、问答题

1. 链轮材料应保证轮齿有足够的强度和耐磨性，一般可采用灰铸铁、低碳钢、中碳钢、低碳合金钢、中碳合金钢等。链轮齿面一般都经过热处理，使之达到一定的硬度。

2. 与滚子链相比，齿形链传动平稳性好，传动速度快，噪声较低，承受冲击性能较好。

六、综合题

1. 叉车的货叉升降机构采用了链传动。某些汽车发动机的正时传动、机油泵传动等都广泛地采用了链传动。CA6140 型车床的主轴变速操纵机构中采用了链传动。

2.（略）

第三章　螺纹连接和螺旋传动

§ 3–1　螺纹的基本知识

一、选择题

1. A　2. C　3. C　4. A　5. A　6. C　7. A　8. C
9. A　10. B　11. C　12. A　13. B　14. B　15. C

二、判断题

1. ×　2. ×　3. ×　4. ×　5. ×　6. ×　7. √
8. √　9. ×　10. √　11. ×　12. ×　13. √
14. √

三、填空题

1. 转动　直线
2. 外螺纹　内螺纹　圆柱　圆锥
3. 连接　传动
4. 内　外
5. 普通螺纹　管螺纹　梯形螺纹　锯齿形螺纹　矩形螺纹
6. 三角形　梯形　锯齿形　矩形
7. 牙型角
8. 单线　多线
9. 顶径　底径
10. 单线　多线
11. 粗牙　细牙
12. 管路　55° 非密封　55° 密封
13. 圆锥　圆锥　圆柱　圆锥
14. 3°　30°

四、名词解释

1. 螺旋线是指沿着圆柱（或圆锥）表面运动点的轨迹，该点的轴向位移与相应角位移成定比。

2. 在圆柱或圆锥表面上，具有相同牙型（如三角形、梯形、锯齿形等）、沿螺旋线连续凸起的牙体称为螺纹。

3. 螺纹的大径是指与外螺纹牙顶或内螺纹牙底相切的假想圆柱的直径。

4. 螺纹的中径是指一个假想圆柱的直径，该圆柱的母线通过牙型上沟槽和凸起宽度相等的地方。

5. 螺距是指相邻两牙体上的对应牙侧与中径线相交两点间的轴向距离。

6. 导程是指最邻近的两同名牙侧（处在同一螺旋面上的牙侧）与中径线相交两点间的轴向距离。

7. 螺纹的升角又称导程角，是指在螺纹中径的圆柱面上，螺旋线的切线与垂直于螺纹轴线的平面间的夹角。

五、问答题

1.（1）伸出右手（或左手），手心对着自己，把螺杆放在手心上。

（2）四指的指向与螺纹轴线方向相同。

（3）右旋螺纹的旋向和右手拇指的指向相同，左旋螺纹的旋向和左手拇指的指向相同。

2. 矩形螺纹传动效率高，但对中精度低，牙根强度低，精确制造较为困难，螺旋副磨损后的间隙难以补偿或修复。矩形螺纹主要用于传力机构中，如螺旋千斤顶、管钳、顶拔器等。

§ 3–2 螺纹标记

一、选择题

1. B 2. C 3. A

二、判断题

1. √ 2. × 3. × 4. √ 5. × 6. × 7. √
8. √ 9. × 10. √ 11. √ 12. × 13. ×
14. √ 15. √

三、填空题

1. 特征代号 尺寸代号 公差带代号
2. 公称直径 螺距
3. 中径 顶径
4. 公差等级 公差带位置
5. 中径 顶径
6. 内螺纹 外螺纹
7. 特征 尺寸 公差带 旋合长度 旋向
8. 特征 尺寸 公差等级 旋向
9. 3/4 左 圆锥 圆锥

四、问答题

1. 普通螺纹 公称 单线粗牙普通螺纹 内 中径 顶径 短 左旋

2. 普通 公称 单线细牙 螺距 内 外 中等 右旋

3. 梯形 公称 导程 螺距 中径 左旋

4. 55°非密封 尺寸代号 外 左旋

§3–3 螺纹连接

一、选择题

1. C 2. A 3. C 4. B 5. C 6. A 7. B 8. C

二、判断题

1. √ 2. × 3. × 4. √ 5. × 6. √ 7. ×
8. √ 9. √ 10. × 11. √

三、填空题

1. 螺栓 螺柱 螺钉 螺母

2．螺栓连接　双头螺柱连接　螺钉连接　紧定螺钉连接

3．感觉法　力矩法　测量螺栓伸长法　螺母转角法

4．摩擦　机械　破坏螺纹

5．弹力　被连接件　紧固件

6．开口销　止动垫圈　串联钢丝

7．焊接　铆接　冲点

四、问答题

1．该螺纹紧固件标记的含义是：C 级六角头螺栓，螺纹规格（螺纹大径 d）为 12 mm，公称长度 l 为 50 mm。

2．该螺纹紧固件标记的含义是：两端皆为粗牙普通螺纹的双头螺柱，螺纹规格（螺纹大径 d）为 12 mm，公称长度 l 为 50 mm。

3．该螺纹紧固件标记的含义是：十字槽沉头螺钉，螺纹规格（螺纹大径 d）为 6 mm，公称长度 l 为 20 mm。

4．螺纹连接在装配时一般都需要拧紧螺栓、螺母或螺钉等，即对螺纹连接进行预紧。预紧的目的，一方面是防止螺纹连接松动；另一方面是可以使被连接件接合面之间摩擦力增大，以提高传递载荷的能力。

5．摩擦防松是指使螺旋副中有不随连接载荷而变的压力，始终有摩擦力防止其相对转动，常用的方法有双螺母防松和弹簧垫圈防松。

6．首先将单耳止动垫圈套在螺栓上，拧好螺母（未拧紧），将单耳止动垫圈的单耳紧靠被压紧件的边沿弯折，然后拧紧六角螺母，再将止动垫圈另一侧的圆形边缘竖立起来，贴在螺母的侧平面上，以实现防松。

§3–4　螺旋传动

一、选择题

1．C　2．C　3．B　4．B　5．A　6．A　7．C　8．B

9．A　10．C　11．C

二、判断题

1．√　2．√　3．×　4．×　5．√　6．√　7．√

8．√　9．×　10．×

三、填空题

1．螺旋

2．滑动　滚动

3．普通　差动

4．单动　双动

5．螺母　螺杆　螺杆　螺母

6．螺杆　螺母　螺母　螺杆

7．旋向相同　旋向相反

8．强度　加工性

9．摩擦因数　耐磨性

10．导轨油

11．螺旋滚道

12．接触式弹性　非接触式

13．润滑油　润滑脂　全损耗系统用油　锂基润滑脂

四、名词解释

1．由一个螺杆和一个螺母组成的简单螺旋副实现的传动称为普通螺旋传动。

2．单动螺旋传动是指螺栓或螺母有一件不动，另一件既旋转又移动的普通螺旋传动。

3．差动螺旋传动是指由两个导程或（和）旋向不同的螺旋副组成的螺旋传动。

4．黏度是指流体受外力作用而流动时，分子间所呈现的内摩擦力或流动内阻力。

五、问答题

1．螺旋传动具有结构简单，工作连续、平稳，承载能力

强，传动精度高等优点。

2. 当螺杆做旋转运动时，螺杆连同其上的压紧盘向上运动，将桌虎钳固定在桌面上；或向下运动，以便将桌虎钳从桌面上拆下。

3. 螺杆连接在底座上固定不动，转动手柄使螺母旋转，并做上升或下降的直线移动，从而举起或放下托盘。

4. 转动手柄时，螺杆与手柄一起旋转，使活动钳身（螺母）左右移动，从而实现对工件的夹紧和松开。

5. 螺母做旋转运动时，螺杆带动观察镜向上或向下移动，从而实现对观察镜的上下调整。

6. 对加油方便的小型机械的滑动螺旋传动，可采用手浇或滴油润滑；对有外露部分的滑动螺旋传动，则直接向螺杆（或螺母）加油润滑；对不能靠自然流入进行润滑的滑动螺旋传动，则需采用加压给油的方式进行润滑。

7. 在丝杠和螺母上均制有圆弧形螺旋槽，将它们装配在一起便形成了螺旋滚道，滚珠安装在滚道中。当丝杠或螺母转动时，滚珠在螺旋滚道内滚动，变滑动摩擦为滚动摩擦。滚动螺旋副的螺母（或螺杆）上有滚动体的循环通道，与螺旋滚道形成循环回路，使滚动体在螺旋滚道内循环。

8. 与普通螺旋传动相比，滚动螺旋传动具有摩擦阻力小、摩擦损失小、传动效率高、传递运动平稳、运动灵敏等优点。但其结构复杂，外形尺寸较大，制造技术要求高，因此成本也较高。滚动螺旋传动目前主要应用于精密传动的数控机床，以及自动控制装置、升降机构、精密测量仪器、车辆转向机构等对传动精度要求较高的场合。

六、综合题

1. 因为螺纹为右旋，所以用右手法则判别车刀的进给方向。因为是双动螺旋传动，所以螺母的移动方向与拇指指向相反的方向。当该螺杆按图示方向旋转时，车刀向左移动。

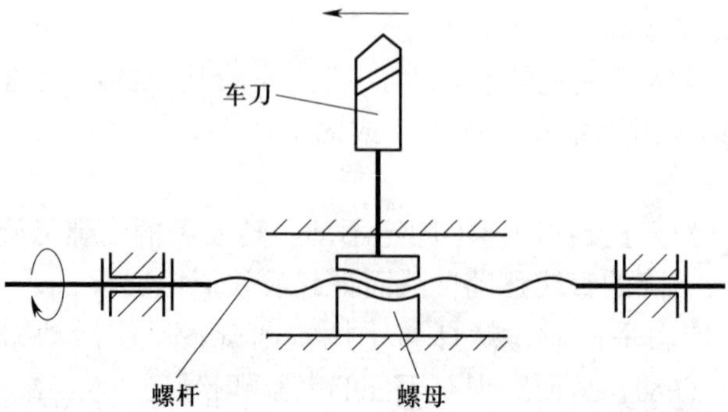

2．因为螺纹为左旋，所以用左手法则判别螺杆的移动方向。因为是单动螺旋传动，所以螺杆的移动方向与拇指指向相同。当该螺杆按图示方向旋转时，螺杆向上移动。

3．$L=NPn=2\times6\ \text{mm}\times2=24\ \text{mm}$

答：螺母的移动距离为 24 mm。

4．$L=NP_h$

$N=L/P_h=L/(Pn)=24\ \text{mm}\div(6\ \text{mm}\times1)=4\ \text{r}$

答：螺杆应转 4 转。

5．$L=N(P_{h1}-P_{h2})=0.5\times(2.5\ \text{mm}-2\ \text{mm})=0.25\ \text{mm}$

因为螺纹为左旋螺纹，所以用左手法则判别螺杆的移动方向。螺杆与固定螺母之间的螺旋传动属于单动螺旋传动，螺杆的移动方向与拇指的指向相同，为向右移动。因为计算结果为正值，所以活动螺母的实际移动方向与螺杆的移动方向相同，也为向右移动。

第四章　齿 轮 传 动

§4-1　齿轮传动概述

一、选择题

1. C　2. C　3. A　4. C　5. A　6. C

二、判断题

1. ×　2. √　3. ×　4. ×　5. ×　6. ×

三、填空题

1. 齿轮副

2. 直齿圆柱齿轮传动　斜齿圆柱齿轮传动　人字齿圆柱齿轮传动

3. 外啮合齿轮传动　内啮合齿轮传动　齿轮齿条传动

四、名词解释

1. 齿轮是一个有齿构件，它与另一个有齿构件通过其共轭齿面的相继啮合，从而传递或接受运动。

2. 齿轮传动的传动比是主动齿轮转速与从动齿轮转速之比，也等于两齿轮齿数的反比。

五、综合题

1.（1）传动比

$$i_{12}=\frac{z_2}{z_1}=\frac{50}{20}=2.5$$

（2）从动轮转速

$$n_2=\frac{n_1}{i_{12}}=\frac{1\ 000\ \text{r/min}}{2.5}=400\ \text{r/min}$$

答：传动比 i_{12} 为 2.5，从动齿轮的转速 n_2 为 400 r/min。

2. 车床主轴箱大都采用外啮合直齿圆柱齿轮传动，汽车变速器大都采用外啮合斜齿圆柱齿轮传动。

§ 4–2　直齿圆柱齿轮传动

一、选择题

1. B　2. A　3. C　4. C　5. A　6. C　7. B　8. A
9. C　10. B　11. A　12. A　13. BA　14. B
15. B　16. C

二、判断题

1. √　2. ×　3. √　4. ×　5. ×　6. √　7. ×
8. √　9. √　10. ×　11. ×　12. ×　13. ×
14. √　15. √　16. √

三、填空题

1. 传动要平稳　承载能力要强　渐开线
2. 基圆　发生线
3. 0°　大
4. 外　内
5. 轮齿　齿廓
6. 齿槽　齿槽宽
7. 齿顶圆　齿根圆
8. 齿高　齿宽
9. 第Ⅰ
10. 齿形角　20°
11. 1　0.25
12. 外啮合　内啮合
13. 内啮合
14. 相等　相等
15. 大小　精度
16. 简单　低

四、名词解释

1. 在平面上，一条直线沿着一固定圆的外侧做纯滚动时，此直线上一点的轨迹称为圆的渐开线。

2. 渐开线上某点的法线（正压力方向线）与该点的速度方向线所夹的锐角称为渐开线在该点的压力角。

3. 为了设计、制造方便，在齿顶圆与齿根圆之间规定了一个圆，作为计算齿轮各部分尺寸的基准，该圆称为分度圆。

4. 齿顶圆与分度圆之间的径向距离称为齿顶高。

5. 齿根圆与分度圆之间的径向距离称为齿根高。

6. 齿距除以圆周率 π 所得的商称为模数。

7. 齿轮啮合传动时，为了在啮合齿廓之间形成润滑油膜，避免因轮齿摩擦发热膨胀而卡死，齿廓之间必须留有间隙，此间隙称为齿侧间隙，简称侧隙。

五、问答题

1.（1）能保证瞬时传动比恒定，保证传动的平稳性，振动和冲击较小。

（2）齿轮在啮合过程中，即使两齿轮的实际中心距与设计的中心距稍有改变，其瞬时传动比仍能保持不变，从而保证齿轮在实际工作中，因制造、安装误差或轴承磨损而导致齿轮的中心距产生微小改变时，仍能保持良好的传动性能。

2. 在实际中，考虑到齿轮加工和安装误差，以及齿面滑动摩擦会导致热膨胀等因素，齿轮必须具有一定的侧隙。

侧隙的大小与齿轮的大小、精度、安装和应用情况有关。

获得侧隙的方法有两种：一种是在齿厚不变的情况下，通过改变中心距的基本偏差来获得不同的侧隙；另一种是在中心距不变的情况下，通过改变齿厚的上极限偏差来得到不同的最小侧隙。

六、综合题

1. 设已测得齿顶圆半径和齿根圆半径的齿轮为齿轮 1，另一个相啮合的齿轮为齿轮 2。

（1）计算齿轮的模数

$$h_1=\frac{d_{a1}}{2}-\frac{d_{f1}}{2}=48\ \text{mm}-41.25\ \text{mm}=6.75\ \text{mm}$$

$$2.25m=6.75\ \text{mm}$$

$$m=3\ \text{mm}$$

（2）计算齿轮 1 的齿数

$$d_{a1}=m（z_1+2）$$

得

$$z_1=d_{a1}\div m-2=96\ \text{mm}\div 3\ \text{mm}-2=30$$

（3）计算齿轮 2 的齿数

$$a=\frac{m（z_1+z_2）}{2}$$

$$z_2=2a\div m-z_1=2\times 135\ \text{mm}\div 3\ \text{mm}-30=60$$

答：两齿轮的齿数分别为 30 和 60，模数为 3 mm。

2.（1）计算小齿轮的模数 m_1

$$d_{a1}=m_1（z_1+2）$$

$$115\ \text{mm}=m_1（21+2）$$

得

$$m_1=5\ \text{mm}$$

（2）计算大齿轮的模数 m_2

$$h_2=2.25\ m_2$$

$$11.25\ \text{mm}=2.25\ m_2$$

得

$$m_2=5\ \text{mm}$$

（3）判定两齿轮是否可以正确啮合传动

因为 $m_1=m_2$，且两齿轮均为标准齿轮，即 $\alpha_1=\alpha_2=\alpha$，所以两齿轮能正确啮合。

答：两齿轮可以正确啮合。

3.（1）计算轴Ⅲ和轴Ⅱ的中心距 a

$$a_{34}=\frac{m（z_3+z_4）}{2}=\frac{5\ \text{mm}\times(59+21)}{2}=200\ \text{mm}$$

（2）计算齿轮 2 的齿数 z_2

由

$$n_1z_1=n_2z_2$$

得 $$z_2=n_1z_1\div n_2=1\,440\ \text{r/min}\times 25\div 480\ \text{r/min}=75$$

（3）计算齿轮 2 的模数 m_2

因Ⅰ、Ⅲ两轴同轴，所以轴Ⅰ与轴Ⅱ的中心距为：

$$a_{12}=a_{34}=200\ \text{mm}$$

因为 $$a_{12}=\frac{m_2\ (z_1+z_2)}{2}$$

则 $$m_2=\frac{2a_{12}}{z_1+z_2}=\frac{2\times 200\ \text{mm}}{25+75}=4\ \text{mm}$$

（4）计算齿轮 2 的齿距 p_2

$$p_2=\pi m_2=3.14\times 4\ \text{mm}=12.56\ \text{mm}$$

（5）计算齿轮 2 的分度圆直径 d_2、齿顶圆直径 d_{a2} 和齿根圆直径 d_{f2}。

$$d_2=m_2z_2=4\ \text{mm}\times 75=300\ \text{mm}$$

$$d_{a2}=m_2（z_2+2）=4\ \text{mm}\times（75+2）=308\ \text{mm}$$

$$d_{f2}=m_2（z_2-2）=4\ \text{mm}\times（75-2.5）=290\ \text{mm}$$

答：齿轮 2 的齿数 z_2=75，模数 m_2=4 mm，齿距 p_2=12.56 mm，分度圆直径 d_2=300 mm，齿顶圆直径 d_{a2}=308 mm，齿根圆直径 d_{f2}=290 mm。

4.（1）计算两齿轮的齿数 z_1、z_2

$$n_1z_1=n_2z_2=n_2（120-z_1）$$

则 $$z_1=\frac{n_2\times 120}{n_1+n_2}=\frac{500\ \text{r/min}\times 120}{1\,500\ \text{r/min}+500\ \text{r/min}}=30$$

$$z_2=120-z_1=120-30=90$$

（2）计算中心距 a

$$a=\frac{m\ (z_1+z_2)}{2}=\frac{4\ \text{mm}\times(30+90)}{2}=240\ \text{mm}$$

答：两齿轮的齿数为 30 和 90，中心距为 240 mm。

5．按传动比要求，只有齿轮 1 与齿轮 3 或者齿轮 1 与齿轮 4

配对啮合才能满足传动比的要求。

根据已知条件，得：齿轮 1 的模数 m_1=4 mm，齿轮 2 的模数 m_2=4 mm，齿轮 3 的模数 m_3=5 mm，齿轮 4 的模数 m_4=4 mm。

齿轮 1 和齿轮 3 的模数不相等，无法配对；齿轮 1 和齿轮 4 模数相等，可以配对。

齿轮 1 和齿轮 4 中心距 a=4 mm×（24+48）/2=144 mm，符合中心距的要求。

所以，齿轮 1 和齿轮 4 是符合要求的一对齿轮。

§4–3 其他齿轮传动简介

一、选择题

1. C 2. A 3. A 4. A 5. B 6. B 7. C 8. C 9. A 10. A

二、判断题

1. × 2. √ 3. × 4. × 5. √ 6. × 7. √ 8. × 9. × 10. √ 11. √ 12. √ 13. √ 14. ×

三、填空题

1. 平行于轴线的直线
2. 法面
3. 大 好 大
4. 往复直线 旋转
5. 大端模数 压力角
6. 圆锥面 直齿 曲线齿 斜齿

四、问答题

1.（1）两齿轮法向模数相等。

（2）两齿轮法向压力角相等。

（3）两齿轮螺旋角相等、旋向相反。

2.（1）传动平稳，承载能力强。

（2）传动时产生轴向力。

（3）不能用作滑移变速齿轮。

§4–4 齿轮的失效、材料与热处理

一、选择题

1. B 2. C 3. B 4. C 5. A 6. C 7. A 8. A
9. B 10. C 11. A 12. B

二、判断题

1. √ 2. × 3. × 4. √ 5. √ 6. √ 7. √
8. × 9. √ 10. √ 11. × 12. √ 13. √
14. √ 15. √ 16. × 17. √ 18. √

三、填空题

1. 轮齿

2. 轮齿折断　齿面点蚀　齿面胶合　齿面磨损　齿面塑性变形

3. 疲劳折断　过载折断

4. 冲击载荷　严重过载　强度

5. 热胶合　冷胶合　热胶合　冷胶合

6. 摩擦损耗

7. 变形　振动　噪声　失效

8. 硬度　减小　材料　润滑

9. 较大　硬度　过载

10. 齿面磨损　轮齿折断　齿面点蚀　齿面胶合

11. 开式　闭式

12. 低速传动　低精度　较重要

13. 硬度高　韧性好　力学　热处理

14. 锻钢　铸钢　铸铁

15. 韧性　耐冲击性　耐磨性　抗胶合

16. 耐磨性　强度　锻造

17．塑性　韧性　耐磨性　抗胶合　抗点蚀

18．表面淬火　渗碳后淬火　调质　正火　渗氮

19．中碳钢　中碳合金钢

20．高频淬火　火焰淬火

21．低碳钢　低碳合金钢

四、名词解释

1．在齿轮工作过程中，因过载、磨损或疲劳损伤等发生破坏而失去正常工作能力的现象称为齿轮的失效。

2．在载荷反复作用下，轮齿根部产生循环变化的弯曲应力，当循环次数达到一定数量时，应力达到极限，齿根受拉一侧便出现裂纹，随着循环次数继续增加，裂纹逐渐加大，并最终导致轮齿折断的现象称为疲劳折断。

3．轮齿啮合过程中，接触面间产生脉动循环接触应力，当此应力超过轮齿表层材料的疲劳极限时，齿面就会产生细微的疲劳裂纹；封闭在裂纹中的润滑油，在压力作用下产生楔挤作用使裂纹不断扩大，最后导致表层金属小片状剥落，出现凹坑，形成麻点状剥伤，称为齿面点蚀。

4．齿面胶合是指在重载传动中，相啮合齿面的金属在压力作用下直接接触而发生黏着，并随着齿面的相对运动，使金属从齿面上撕落而引起的一种破坏形式。

5．齿面塑性变形是指硬度较低的软齿面齿轮在低速重载时，由于齿面压力过大，在摩擦力作用下，齿面金属产生塑性流动而失去原来的齿形。

五、问答题

1．防止轮齿折断的措施有：选择适当的模数和齿宽；在使用中避免意外的严重过载和冲击；对齿根表面进行喷丸或碾压等强化处理，以提高齿根的强度；增大齿根过渡圆角半径和降低齿根表面粗糙度值，以降低齿根的应力集中。

2．防止齿面点蚀的措施有：提高润滑油的黏度或采用适宜

的添加剂，使啮合齿面间形成较厚的、牢固的油膜，以增大其承载面积；降低轮齿表面粗糙度值，提高齿形精度和进行精心跑合，以改善齿面的接触情况；提高齿面硬度以增大轮齿的疲劳极限等。

3．防止齿面胶合的措施有：对低速齿轮传动应采用黏度较大的润滑油；对于高速齿轮传动，则应采用含抗胶合剂的润滑油；降低表面粗糙度值和提高齿面硬度也能增强抗胶合能力。

六、综合题

（略）

§4–5 齿轮的结构与齿轮传动的润滑

一、选择题

1．A 2．C 3．B 4．A 5．B 6．C 7．A

二、判断题

1．√ 2．× 3．√ 4．× 5．√ 6．√ 7．×

三、填空题

1．齿轮轴 实心式齿轮 腹板式齿轮 轮辐式齿轮

2．开式 闭式 润滑油 润滑脂

3．带油轮

4．杂质 不洁 磨损

5．流动性 小

四、问答题

1．齿轮的润滑不仅可以减小齿轮传动啮合时所产生的摩擦、磨损和动力消耗，提高传动效率，还可以起到冷却、防锈、降低噪声、改善齿轮工作状况、延缓轮齿失效、延长齿轮使用寿命等作用。

2．（1）齿轮的载荷。

（2）齿轮的速度。

（3）润滑方式。

（4）与齿轮共用同一个润滑系统的其他对象对润滑油的要求。

第五章　蜗 杆 传 动

§5–1　蜗杆传动概述

一、选择题

1. C　2. A　3. C　4. B　5. B　6. C

二、判断题

1. √　2. √　3. ×　4. ×　5. ×　6. √　7. √　8. ×　9. √　10. √　11. √　12. ×　13. ×　15. ×

三、填空题

1. 蜗杆　蜗轮　齿轮

2. 蜗杆　蜗轮　90°

3. 阿基米德圆柱　法向直廓圆柱　渐开线圆柱　锥面包络圆柱　圆弧圆柱

4. 轴向面　法面

5. 滚刀　飞刀

6. 直线　渐开线

四、名词解释

1. 只有一个或几个螺旋齿的斜齿轮称为蜗杆。

2. 与蜗杆组成交错轴齿轮副且轮齿沿着齿宽方向呈内凹弧形的斜齿轮称为蜗轮。

五、问答题

1.（1）传动比大，结构紧凑。

（2）传动平稳，噪声低。

（3）在一定条件下可以实现自锁。

（4）传动效率低，磨损严重，易发热。

（5）蜗杆上的轴向力较大，轴承易磨损。蜗轮造价较高。

（6）对制造和安装精度要求较高，一般安装在具有良好润滑和冷却条件的箱体内。

2. 蜗杆传动用于两轴交错、传动比较大、传递功率不太大或间歇工作的场合。由于当蜗杆导程角 γ 较小时传动具有自锁性，故常用在卷扬机等起重机械中，起安全保护作用。

§5-2 蜗杆传动的主要参数、啮合条件与旋转方向判别

一、选择题

1. A 2. C 3. AC 4. B 5. B 6. C 7. C

二、判断题

1. × 2. × 3. √ 4. × 5. √ 6. √ 7. √
8. × 9. √ 10. × 11. √ 12. × 13. √
14. √ 15. × 16. √

三、填空题

1. 轴向模数　端面模数

2. 高　差

3. 1、2、4、6

4. 蜗杆头数　传动比

5. 旋向　旋转方向

四、名词解释

1. 在蜗杆传动中，通过蜗杆轴线并与蜗轮轴线垂直的平面称为中平面。

2. 蜗杆的导程角是指蜗杆分度圆柱螺旋线的切线与端平面（垂直于蜗杆轴线的平面）之间所夹的锐角。

3. 蜗杆直径系数是蜗杆分度圆直径与轴向模数的比值。

五、问答题

1.（1）在中平面内，蜗杆的轴向模数和蜗轮的端面模数应

相等。

（2）在中平面内，蜗杆的轴向压力角和蜗轮的端面压力角应相等。

（3）蜗杆和蜗轮的旋向一致。

2. 蜗轮的旋转方向取决于蜗杆（蜗轮）的旋向和蜗杆的旋转方向，可用左右手定则来判别。左旋蜗杆用左手，右旋蜗杆用右手，四指弯曲与蜗杆的旋转方向相同，拇指伸直与蜗杆轴线重合，则拇指所指方向的相反方向即为蜗轮上啮合点的线速度方向。

六、综合题

1.

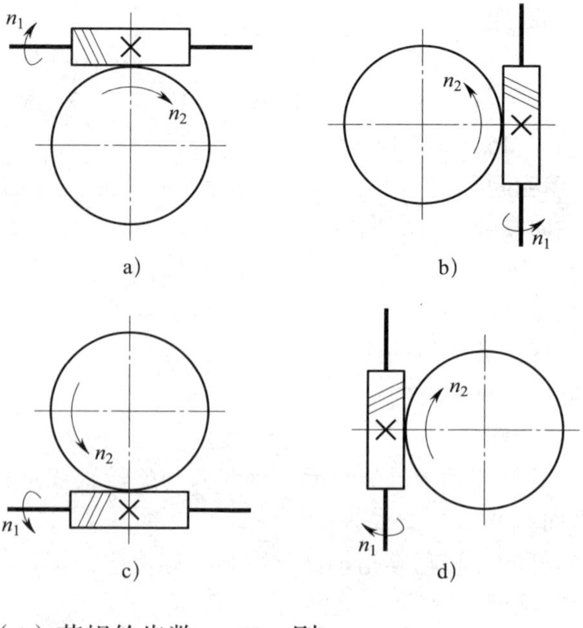

a)　b)　c)　d)

2.（1）若蜗轮齿数 z_2=69，则：

$$i_{12}=z_2/z_1=69/3=23$$

$$n_2=n_1/i_{12}=1\,380\ \text{r/min}\div 23=60\ \text{r/min}$$

（2）若蜗轮转速 n_2=45 r/min，则：

$$i_{12}=n_1/n_2=z_2/z_1$$

$$z_2=z_1 n_1/n_2$$

$$z_2=3\times 1\ 380\ \text{r/min}\div 45\ \text{r/min}$$

$$z_2=92$$

3.（1）计算蜗杆传动的传动比

$$i_{12}=z_2/z_1=60\div 1=60$$

（2）计算重物 G 的移动速度

$$n_2=n_1/i_{12}=960\ \text{r/min}\div 60=16\ \text{r/min}$$

重物移动速度 $v=n_2\pi D\approx 16\ \text{r/min}\times 3.14\times 0.3\ \text{m}=15.072\ \text{m/min}$

（3）重物下降，如下图所示

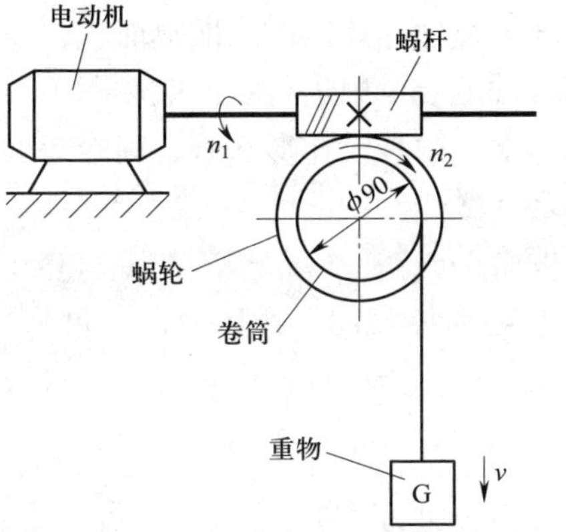

§5–3　蜗杆和蜗轮的结构、材料及润滑

一、选择题

1. A　2. B　3. A　4. AB　5. B　6. A

二、判断题

1. √　2. √　3. √　4. ×　5. ×　6. ×　7. √
8. ×　9. ×

三、填空题

1. 整体　组合
2. 铸造　过盈配合　螺栓
3. 大　低
4. 胶合　点蚀　磨损
5. 减摩　抗磨　抗胶合
6. 合金渗碳钢　优质碳素结构钢　合金调质钢
7. 失效
8. 抗氧化剂　抗磨剂
9. 浸油　喷油
10. 高　黏度　失效

四、问答题

（1）在箱体上加散热片以增大散热面积。

（2）在蜗杆轴上装风扇进行吹风散热。

（3）在箱体油池内装设蛇形水管，用冷却水散热。

（4）用循环油散热。

五、综合题

升降电梯、电动伸缩门、铣床万能分度头等的传动机构都采用了蜗杆传动。

第六章　轮　　系

§6-1　轮系分类及其应用特点

一、选择题

1. B　2. B　3. B　4. C　5. B

二、判断题

1. ×　2. √　3. √　4. ×　5. ×　6. √　7. ×

8. √

三、填空题

1. 轮系

2. 定轴轮系　周转轮系　混合轮系

3. 太阳轮　内齿圈　行星齿轮　行星架

4. 行星　差动

5. 齿轮与轴固连　齿轮与轴空套　齿轮在轴上滑移

6. 各自转动　沿轴向移动

7. 两个　一个　一个　两个

四、名词解释

1. 当轮系运转时，各齿轮的几何轴线位置均相对固定不变的轮系称为定轴轮系，也称为普通轮系。

2. 当轮系运转时，至少有一个齿轮的几何轴线的位置是不固定的，并且绕另一个齿轮的固定轴线转动的轮系称为周转轮系。

3. 有一个中心轮的转速为零的周转轮系称为行星轮系。

4. 中心轮的转速都不为零的周转轮系称为差动轮系。

5. 在轮系中，既有定轴轮系又有周转轮系的轮系称为混合轮系。

五、问答题

1.（1）可获得很大的传动比。

（2）可实现较远距离传动。

（3）可实现变速。

（4）可实现变向。

（5）可实现运动的合成与分解。

2.（1）轴 1　大锥齿轮 3

（2）相等　相同　固定连接　转动　转动

（3）滑动　转得快　转动　公转　自转　减小　增大

3. 机械钟表、机床、汽车、手电钻等的传动系统都采用了轮系。

§ 6–2　定轴轮系的传动分析及相关计算

一、选择题

1. C　2. A　3. C　4. A　5. B　6. C　7. A　8. AB

二、判断题

1. √　2. ×　3. √　4. √　5. ×

三、填空题

1. 标注箭头

2. 输入角速度　输出角速度　第一个主动齿轮　最末一个从动齿轮

3. 旋转运动　移动

四、综合题

1.（1）求轮系传动比 i_{14}

$$i_{14}=n_1/n_4=45\times 48\div(30\times 20)=3.6$$

（2）标注各轮的转向

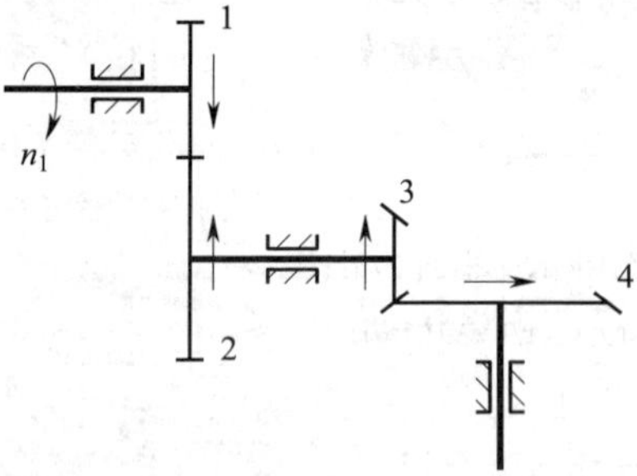

2.（1）分析轮系中的惰轮

齿轮 4 的下侧与齿轮 3 啮合，上侧与齿轮 5 啮合，所以齿轮 4 是惰轮。

（2）计算末轮的转速 n_7

$$n_7=n_1\frac{z_1z_3z_6}{z_2z_5z_7}=1\,440\text{ r/min}\times\frac{18\times 18\times 18}{27\times 24\times 81}\approx 160\text{ r/min}$$

（3）标注各轮的转向

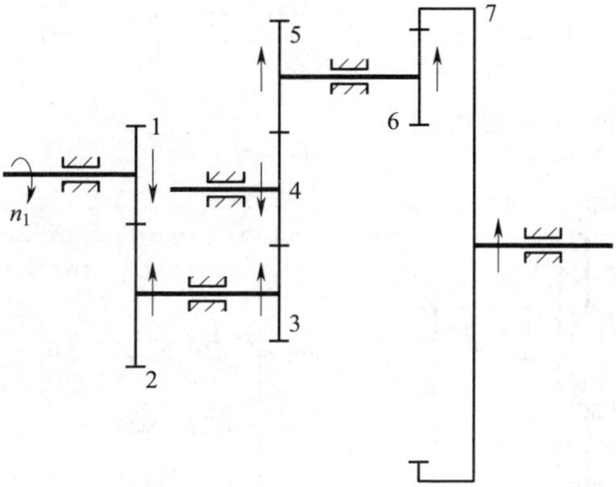

3.（1）计算轮系的传动比 i_{18}

$$i_{18}=\frac{z_2z_4z_6z_8}{z_1z_3z_5z_7}=\frac{30\times45\times30\times50}{20\times15\times15\times2}=225$$

（2）计算蜗轮 8 的转速 n_8

$$n_8=\frac{n_1}{i_{18}}=\frac{720\ \text{r/min}}{225}=3.2\ \text{r/min}$$

（3）标注各轮的转向

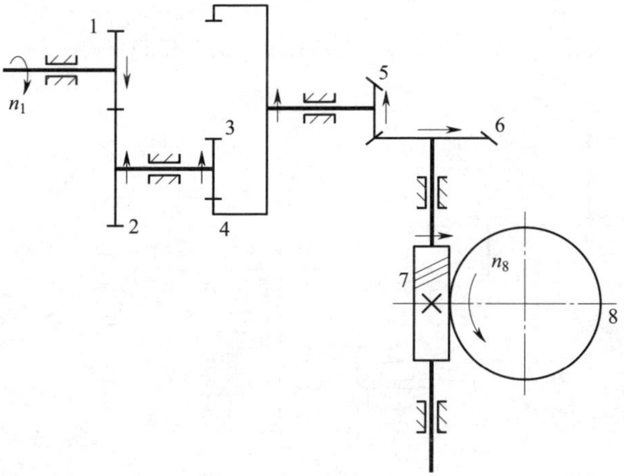

4.（1）计算轮系的传动比 i_{18}

$$i_{18}=\frac{z_2z_4z_6z_8}{z_1z_3z_5z_7}=\frac{40\times60\times50\times45}{2\times20\times25\times30}=180$$

（2）标注各轮的转向

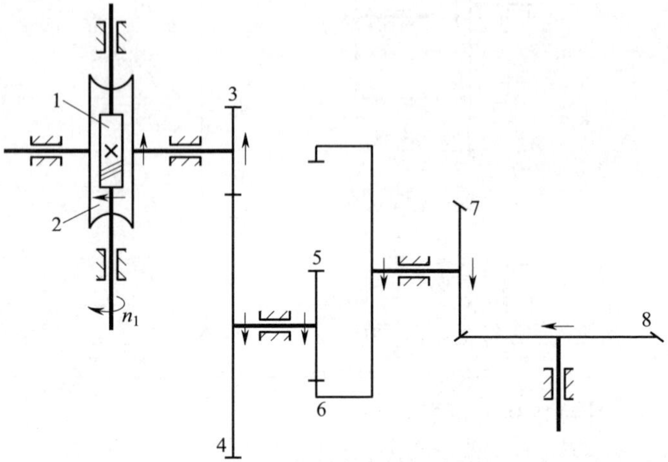

5.（1）计算当输入轴转一周时，螺母的移动距离

$$L=\frac{z_1z_4z_6}{z_3z_5z_7}P_h=\frac{20\times25\times20}{30\times40\times60}\times6\ \text{mm}\approx0.833\ \text{mm}$$

（2）标注各齿轮的转向和螺母的移动方向

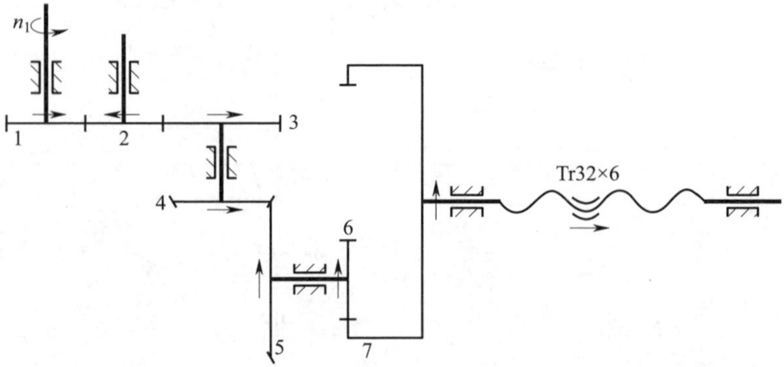

§6–3　实训——拆装单级齿轮减速器

（略）

第七章　平面连杆机构

§7–1　平面连杆机构概述

一、选择题

1. C　2. B　3. C　4. C

二、判断题

1. √　2. √　3. ×　4. ×　5. ×　6. ×　7. ×

三、填空题

1. 低副　面　小　润滑　轻　较大

2. 多种　多种

四、名词解释

1. 平面连杆机构是指由一些刚性构件用转动副或移动副相互连接而成，在同一平面或相互平行的平面内运动的机构。

2. 构件间以四个转动副相连的平面四杆机构称为平面铰链四杆机构，简称铰链四杆机构。

五、综合题

某些窗户、防火门的启闭机构，升降机的升降机构，自卸汽车的自卸机构，吊车的升降机构等。

§7–2　铰链四杆机构的组成及分类

一、选择题

1. C　2. C　3. A　4. C

二、判断题

1. ×　2. √　3. ×　4. ×　5. ×

三、填空题

1. 机架

2. 曲柄　摇杆

3. 曲柄摇杆　双曲柄　双摇杆

4. 不等长　平行

5. 等速　变速

6. 平行四边形　恒相等

四、名词解释

1. 铰链四杆机构的两个连架杆中，其中一个是曲柄，另一个是摇杆的机构称为曲柄摇杆机构。

2. 两连架杆均为曲柄的铰链四杆机构称为双曲柄机构。

3. 两连架杆均为摇杆的铰链四杆机构称为双摇杆机构。

五、问答题

1. 曲柄摇杆　往复摆动　延长部分

2. 双曲柄　变速转动　变速直线　抖动

3. 双摇杆　机轮　机轮　主动摇杆　连杆　从动摇杆

§7–3　铰链四杆机构的演化机构

一、选择题

1. A　2. C　3. B　4. B　5. A　6. C

二、判断题

1. √　2. ×　3. √　4. ×　5. √

三、填空题

1. 曲柄滑块　导杆　固定滑块　曲柄摇块

2. 曲柄　滑块　连杆

3. 旋转　往复直线

4. 转动导杆　摆动导杆

5. 曲柄摇块

6. 较大　较短

四、名称解释

1．具有一个曲柄和一个滑块的平面四杆机构称为曲柄滑块机构。

2．连架杆中至少有一个构件为导杆的平面四杆机构称为导杆机构。

五、问答题

1．转动导杆　旋转　滑块　导杆　曲柄　移动

2．固定滑块　活塞杆（导杆）唧筒（滑块）

3．摇块　导杆　向上　顺时针　上升

§7–4　平面四杆机构的基本性质

一、选择题

1．A　2．A　3．C　4．C　5．A　6．C　7．A　8．C

9．BA　10．A

二、判断题

1．√　2．×　3．×　4．×　5．√　6．×　7．×

8．√　9．√　10．√　11．√　12．√　13．×

14．×　15．×　16．√

三、填空题

1．相对长度　机架

2．极限位置　曲柄　连杆　极位夹角

3．非工作时间　生产效率

4．卡死　运动

5．*AB*　*CD*　双摇杆　双曲柄

6．两　曲柄　连杆

四、名词解释

1．在曲柄摇杆机构中，虽然曲柄做等速转动，而摇杆摆动时空回行程的平均速度却大于工作行程的平均速度的性质称为急回特性。

2．在平面四杆机构中，当连杆与从动件处于共线位置时，则主动件通过连杆传给从动件的驱动力必通过从动件的铰链中心。也就是说驱动力对从动件的旋转力矩等于零。此时，无论施加多大的驱动力，均不能使从动件转动，机构中的这种位置称为死点位置。

五、综合题

1．双曲柄　曲柄摇杆　双摇杆　双摇杆

2．若要形成双曲柄机构，则机架必须是最短杆，由此得：

$$AB>20\ \text{mm}$$

若 AB 为最长杆，则：

$$AB+AD \leqslant BC+CD$$

$$AB \leqslant BC+CD-AD$$

$$AB \leqslant 30\ \text{mm}+40\ \text{mm}-20\ \text{mm}$$

$$AB \leqslant 50\ \text{mm}$$

若 AB 不是最长杆，则最长杆为 CD，因此：

$$AD+CD \leqslant AB+BC$$

$$AB \geqslant AD+CD-BC$$

$$AB \geqslant 20\ \text{mm}+40\ \text{mm}-30\ \text{mm}$$

$$AB \geqslant 30\ \text{mm}$$

由以上计算可知，要想获得双曲柄机构，AB 杆的长度要求为：

$$30\ \text{mm} \leqslant AB \leqslant 50\ \text{mm}$$

答：当 AB 杆在 30 ~ 50 mm 时，该铰链四杆机构为双曲柄机构。

3．

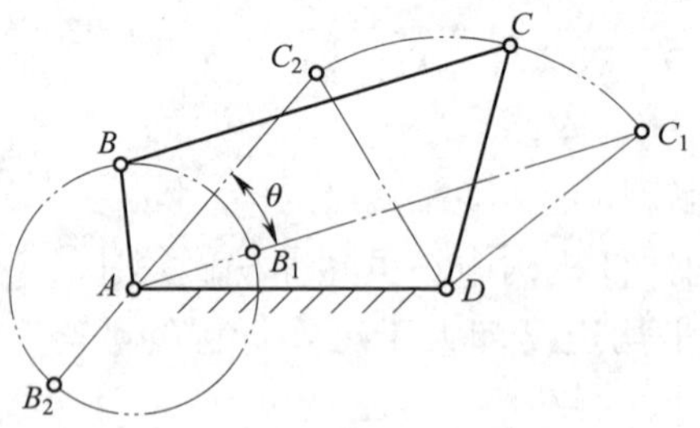

4．当以长度为 45 mm 的杆作为机架时，构成双曲柄机构；当以长度为 100 mm 和 120 mm 的杆作为机架时，构成曲柄摇杆机构；当以长度为 70 mm 的杆作为机架时，构成双摇杆机构。

第八章　凸 轮 机 构

§8–1　凸轮机构概述

一、选择题

1．A　2．B　3．C　4．A　5．B

二、判断题

1．√　2．×　3．√　4．√　5．√

三、填空题

1．凸轮　从动件

2．曲线　凹槽

3．凸轮轮廓　从动件　脱离现象

四、问答题

1．（1）凸轮机构可以实现各种复杂的运动要求。

（2）凸轮机构结构简单紧凑，工作可靠。

2．凸轮与从动件（杆或滚子）之间以点或线接触，不宜传递较大动力，不便于润滑，容易磨损。

§8–2　凸轮机构的类型及从动件端部形状

一、选择题

1．C　2．A　3．A　4．B　5．C　6．C　7．A　8．B　9．B

二、判断题

1．√　2．×　3．×　4．×　5．√　6．√

三、填空题

1．盘形　移动　圆柱　端面圆柱

2．径向

3．往复直线运动　往返摆动

4．沟槽　旋转

5．尖端　滚子　平底　曲面

6．滚子　润滑

7．偏斜　不对中　尖端　平底

§8–3　凸轮机构工作过程及从动件常用运动规律

一、选择题

1．A　2．B　3．C　4．B　5．A　6．B　7．C　8．A

9．B　10．C

二、判断题

1．√　2．√　3．×　4．×　5．√　6．√　7．×

8．×　9．√　10．√

三、填空题

1．等速旋转　往复移动

2．升　停　降　停

3．推程运动角

4．远停程

5．轮廓形状

6．等速　等加速　等减速

7．推程开始　回程结束

8．等加速　等减速　降为零

9．疲劳点蚀　磨损　接触应力　摩擦

10．接触强度　耐磨性　硬度

四、名词解释

1．凸轮机构工作时，从动件上升或下降的最大位移称为行程。

2．凸轮机构工作时，从动件由最高位置回到最低位置的过程称为回程。

3．凸轮机构工作时，从动件处于最低位置且静止不动的过程称为近停程。

4．从动件在某瞬时速度突变，其加速度及惯性力在理论上均趋于无穷大时所引起的冲击称为刚性冲击。

五、问答题

1．（1）最低　最高

（2）静止不动　最高

（3）最高　最低

（4）最低　静止不动

2．凸轮做等角速度转动时，从动件上升或下降的速度为一常数，这种运动规律称为从动件的等速运动规律。

3．从动件运动的整个升程在前半段做等加速上升，后半段做等减速上升；整个回程的前半段做等加速下降，后半段做等减速下降，这种运动规律称为等加速、等减速运动规律。

六、综合题

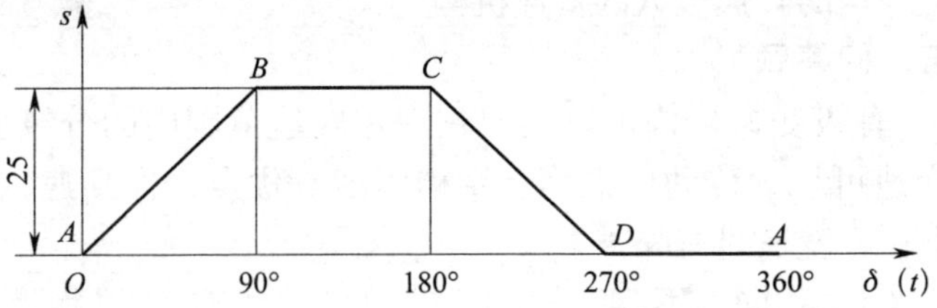

第九章　其他常见机构

§9–1　变速机构

一、选择题

1. A　2. C　3. B　4. C　5. C　6. B　7. C　8. B

二、判断题

1. √ 2. × 3. √ 4. × 5. √ 6. √ 7. ×
8. × 9. √ 10. √

三、填空题

1. 有级变速　无级变速

2. 塔轮　滑移齿轮　离合式齿轮　挂轮　拉键

3. 塔带轮　塔齿轮　塔链轮

4. 不高　转速　进给

5. 无级变速

6. 摩擦力　传动半径

7. 结构简单　维修方便　传动平稳　噪声低　有过载保护

8. 滚子平盘式　钢球摩擦式　宽 V 带式

四、名词解释

1. 在输入轴转速不变的条件下，使输出轴获得不同转速的传动装置称为变速机构。

2. 有级变速机构是指在输入轴转速不变的条件下，使输出轴获得一定的转速级数的变速机构。

五、问答题

1. 有级变速机构可以实现在一定转速范围内的分级变速，具有变速可靠、传动比准确、结构紧凑等优点，但高速旋转时不够平稳，变速时有噪声。

2.（1）相同　不等

（2）中间　空套　摆动架

（3）轴向移动　从动轴　中间齿轮　塔齿轮　传动比

3.（1）输入轴　输出轴　惰轮轴

（2）双联挂轮 1　惰轮　双联挂轮 6　输出轴

（3）输出轴　摆动

（4）挂轮架　直槽　惰轮　双联挂轮 6　惰轮　双联齿轮 1

4.（1）主动轴　锥盘　钢球　从动轴

（2）径向

（3）偏转角度　无级变速

5.（1）1b　2a　1a　2b

（2）两对锥轮　V 带

（3）1a　2b　R_1　R_2　无级

六、综合题

车床、铣床等多采用有级变速机构，汽车的变速机构分有级变速和无级变速两种。

§9–2　换向机构

一、选择题

1. B　2. B

二、判断题

1. √　2. ×

三、填空题

1. 惰轮　离合器　滑移锥齿轮

2. 惰轮

四、名词解释

换向机构是在输入轴转向不变的条件下，可使输出轴变换转向的机构。

五、问答题

1.（1）惰轮架 5　从动轴 4

（2）惰轮 2　相同

（3）惰轮 6　相反　换向

2.（1）分离　正转　反转

（2）分离

（3）轴 I　齿轮 1　齿轮 6　相反　齿轮 3

（4）齿轮 3　齿轮 3　惰轮 4　齿轮 5　相同　齿轮 1

六、综合题

车床主轴换向采用了摩擦离合器换向机构，丝杠换向和溜板箱换向采用了滑移齿轮换向机构。手动换挡汽车的倒挡换向采用了滑移齿轮换向机构。

§9–3 间歇运动机构

一、选择题

1. C 2. A 3. B 4. B 5. A 6. B 7. A 8. B 9. B

二、判断题

1. √ 2. √ 3. × 4. √ 5. × 6. √ 7. × 8. × 9. × 10. × 11. √ 12. × 13. √ 14. × 15. √ 16. √ 17. √ 18. × 19. × 20. ×

三、填空题

1. 棘轮　机构　不完全齿轮
2. 棘轮　棘爪　间歇
3. 齿式　摩擦式
4. 外啮合　内啮合
5. 单动式　双动式　可变向
6. 偏心扇形楔块　无齿摩擦轮
7. 不大　步进
8. 主动拨盘　从动槽轮　装有圆销的曲柄
9. 单圆销外接槽轮　双圆销外接槽轮　内接槽轮
10. 连续　间歇

四、名词解释

1. 当主动件做连续运动时，从动件产生周期性的运动和停歇的机构称为间歇运动机构（又称间歇机构）。

2. 由槽轮、拨盘、装有圆销的曲柄和机架组成的步进运动机构称为槽轮机构。

3. 由轮齿不布满整个圆周的齿轮作为主动轮的齿轮机构称为不完全齿轮机构。

五、问答题

1.（1）顺时针　棘轮　输送带

（2）逆时针　棘轮　不动　停止运动

（3）伸出　缩回　运动　停止

2.（1）棘轮　驱动棘爪　止回棘爪

（2）驱动棘爪　棘轮　棘轮　滑过

（3）顺时针　棘轮　静止不动

（4）单向间歇

3.（1）曲柄摇杆　可变向棘轮

（2）棘爪支架　螺杆轴　间歇　间歇

（3）曲柄　180°

4.（1）内凹　外凸　不动

（2）外凸　内凹　脱离　圆销　转动

（3）径向槽　卡住　静止不动

（4）径向槽　时动时停　间歇

六、综合题

1. 棘轮扳手采用了棘轮机构，六角车床的刀架转位装置采用了槽轮机构，计数器采用了不完全齿轮机构。

2. 自行车后轴上安装的飞轮机构为内啮合齿式棘轮机构，小链轮的内圈具有棘齿，千斤（棘爪）安装在芯子上。当链条带动小链轮转动时，小链轮内侧的棘齿通过千斤（棘爪）带动芯子转动，驱动自行车前行；当自行车下坡或脚不蹬踏板时，小链轮不动，但芯子由于惯性的作用仍按原方向转动，此时千斤（棘爪）在棘轮齿背上滑过，自行车继续前行。

§9-4　实训——参观生产现场

（略）

第十章　轴

§10-1　轴的用途和分类

一、选择题

1. A　2. B　3. B　4. C　5. A　6. B　7. A　8. C

二、判断题

1. √　2. √　3. ×　4. ×　5. √　6. √

三、填空题

1. 转动件　运动　动力

2. 支承旋转零件　运动　动力

3. 直轴　曲轴　挠性钢丝软轴

4. 光轴　阶梯轴　心轴　传动轴　转轴

5. 钢丝软轴　软管　软轴接头　软管接头

四、综合题

1.（1）转　弯矩和转矩

（2）心　弯矩

（3）转　弯矩和转矩

（4）传动　转矩

（5）转　弯矩和转矩

（6）心轴　弯矩

2. 儿童三轮车的前轴是转轴，承受弯矩和扭矩，传递动力；后轴是心轴，承受弯矩，起支承作用。车床的主轴是转轴，承受弯矩和扭矩，传递动力。

§10–2　轴的结构和材料

一、选择题

1. A　2. B　3. C　4. B　5. C

二、判断题

1. √　2. √　3. ×　4. √　5. ×　6. ×　7. ×

三、填空题

1. 轴颈　轴头　轴身　轴肩　轴环
2. 加工　装配　维修　生产率　成本
3. 大　小　拆装
4. 倒角　圆角
5. 螺纹退刀　砂轮越程
6. 碳素结构钢　优质碳素结构钢　合金钢　铸铁
7. 正火　调质
8. 合金调质钢　调质
9. 可锻铸铁　球墨铸铁

四、名词解释

1. 安装轮毂的部位称为轴头。
2. 连接轴颈和轴头的部位称为轴身。

§10–3　轴上零件的固定

一、选择题

1. A　2. C　3. A　4. A　5. B　6. B　7. C　8. C
9. B　10. B　11. A　12. B　13. A

二、判断题

1. √　2. ×　3. √　4. ×　5. √　6. ×

三、填空题

1. 轴向　周向
2. 圆螺母　轴肩与轴环　套筒　轴端挡圈　弹性挡圈

轴端挡板　紧定螺钉与挡圈　圆锥面

3．运动　转矩　转动

4．平键　花键　销　紧定螺钉　过盈配合

四、问答题

1．轴上零件轴向固定的目的是保证零件在轴上有确定的轴向位置，防止零件沿轴向移动，并能承受轴向力。

2．圆螺母固定可靠，拆装方便，可承受较大的轴向力。为防止松脱，可加止动垫圈或使用双螺母。由于在轴上切制了螺纹，使轴的强度有所降低。

3．能消除轴与轮毂间的径向间隙，拆装方便，可兼作周向固定。常与轴端挡圈联合使用，实现零件的双向固定。

4．过盈配合连接能同时进行轴向固定和周向固定，对中精度高，选择不同的配合有不同的连接强度。但装拆不方便，不适用于重载和经常拆装的场合。

第十一章　键、销及其连接

§11–1　键连接

一、选择题

1．C　2．A　3．B　4．A　5．A　6．C　7．C　8．A
9．B　10．A　11．B　12．B　13．C　14．C　15．A
16．C　17．C

二、判断题

1．√　2．×　3．×　4．×　5．√　6．√　7．√
8．×　9．×　10．√　11．√　12．√　13．×
14．√　15．√　16．×　17．√　18．√　19．×
20．×　21．√　22．√　23．√　24．×　25．×

26. √　27. √　28. √　29. ×　30. ×　31. ×
32. √　33. ×

三、填空题

1. 周向　运动　转矩

2. 松键　紧键

3. 普通型平键　导向型平键　滑键

4. 45 钢　20 钢　Q235

5. A　宽度 b=16 mm　高度 h=10 mm　长度 L=100 mm

6. 钩头滑键　圆柱头滑键

7. 松连接　正常连接　紧密连接

8. h8　N9　JS9

9. 普通型　平底型　普通型

10. 花键　外花键　内花键

11. 重载　对中性　滑动

12. 矩形　渐开线

13. 定心精度　定心稳定性　应力集中　承载能力

14. 普通型　钩头型

15. 尺寸　1 : 100　楔键

§11–2　销连接

一、选择题

1. B　2. A　3. C　4. C　5. C

二、判断题

1. √　2. √　3. ×　4. √

三、填空题

1. 定位　轴　轮毂　过载保护

2. 圆柱销　圆锥销　带螺纹　不带螺纹

四、综合题

自行车中轴与曲柄采用圆锥销连接。齿轮减速器的箱体与箱盖之间用圆锥销定位。

第十二章 轴　承

§12–1　滚动轴承

一、选择题

1. B　2. A　3. C　4. C　5. B　6. B　7. AB　8. A
9. B　10. A　11. B　12. C　13. C　14. B　15. A
16. B　17. ABC　18. A　19. C　20. A　21. B　22. C
23. A　24. B　25. B　26. B　27. C　28. A　29. B

二、判断题

1. ×　2. ×　3. √　4. √　5. ×　6. √　7. √
8. ×　9. √　10. √　11. √　12. ×　13. √
14. ×　15. ×　16. √　17. √　18. √　19. ×
20. ×　21. √　22. ×　23. √　24. √　25. √
26. √　27. √　28. ×　29. ×　30. √　31. ×
32. √　33. √　34. ×　35. √　36. ×

三、填空题

1. 轴承　旋转　摩擦　磨损
2. 滚动轴承　滑动轴承
3. 内圈（轴圈）外圈（座圈）滚动体　保持架
4. 滚动体　碰撞　摩擦
5. 向心　推力
6. 径向接触　角接触
7. 轴向接触　角接触推力
8. 轴向　径向
9. 内圈无挡边　外圈无挡边　内圈单挡边　外圈单挡边

10．前置代号　基本代号　后置代号

11．基本代号　基本类型　结构　尺寸

12．轴承系列代号　内径代号

13．类型代号　尺寸系列代号

14．宽（高）度系列　直径系列

15．两位数字　尺寸系列

16．2　N　3　4　5　小　大

17．轴承名称　轴承代号　标准编号

18．大小　方向　性质　转速

19．疲劳点蚀　塑性变形　磨损

20．高速　5

21．灰尘　水分　润滑剂

22．接触式密封　非接触式密封

23．7　100

24．径向　轴向

四、名词解释

1．滚动轴承是将运转的轴与机座之间的滑动摩擦变为滚动摩擦，从而减少摩擦损失的一种精密部件。

2．宽（高）度系列代号表示内、外径相同而宽（高）度不同的轴承系列。

3．直径系列代号表示内径相同而具有不同外径的轴承系列。

五、问答题

1．滚动轴承具有摩擦阻力小，启动灵敏，效率高，润滑简便，易于互换、装拆和维护，价格便宜等优点。

2．游隙是指轴承在无载荷的情况下，内圈、外圈间所能移动的最大距离，做径向移动者称为径向游隙，做轴向移动者称为轴向游隙。

3．（1）类型　推力球

（2）尺寸　宽度　直径

（3）内径　40
（4）普通　N
4.（1）类型　圆锥滚子
（2）尺寸　宽度　直径
（3）内径　60
（4）5　3
5.（1）类型　深沟球
（2）2　0　2
（3）内径　55
（4）6　N
6.（1）利用轴肩的单向固定。
（2）利用轴肩和轴用弹性挡圈的双向固定。
（3）利用轴肩和轴端挡圈的双向固定。
（4）利用轴肩和圆螺母的双向固定。
7.（1）利用轴承盖的单向固定。
（2）利用轴承盖和座孔台阶的双向固定。
（3）利用孔用弹性挡圈和座孔台阶的双向固定。

六、综合题

豆浆机和洗衣机中都采用了滚动轴承，机床的主轴等都采用了滚动轴承。

§12–2　滑动轴承

一、选择题

1. A　2. A　3. B　4. B　5. C　6. C　7. C　8. C
9. C　10. A　11. C　12. B

二、判断题

1. √　2. √　3. ×　4. ×　5. ×　6. √　7. √
8. ×　9. ×　10. √　11. √　12. √　13. ×
14. √　15. √　16. ×　17. √　18. √　19. ×

20. √　21. ×　22. √　23. √

三、填空题

1. 摩擦　润滑　使用　维护

2. 径向　止推

3. 整体式　对开式　调心式

4. 油杯　整体轴瓦　紧定螺钉　轴承座

5. 低速　轻载　间歇性

6. 轴承座　轴承盖　对开式轴瓦　连接螺栓

7. 油杯　油管

8. 轴承座　衬套　径向轴瓦　止推轴瓦

9. 衬背　衬层

10. 锡基　铅基

11. 锡磷　锡锌铅　铝铁　中速重载　中速中载　低速重载

12. 摩擦　磨损　冷却　散热　防锈蚀　减振

13. 油　脂　间歇　连续

14. 针阀式　旋套式　压配式　旋盖式

15. 芯捻式油杯　油环润滑装置　压力润滑装置

四、名词解释

1. 滑动轴承是指仅发生滑动摩擦的轴承。

2. 径向滑动轴承是指承受径向载荷的滑动轴承。

3. 轴瓦可以适当摆动的径向滑动轴承称为调心式径向滑动轴承。

4. 止推滑动轴承是指用来承受轴向载荷的滑动轴承，又称为推力滑动轴承。

五、问答题

1.（1）滑动轴承使用寿命长，适用于高速旋转运动的场合。

（2）能承受冲击和振动载荷。

（3）运转精度高，工作平稳，无噪声。

（4）结构简单，装拆方便。

（5）承载能力大，可用于重载场合。

（6）可形成液体摩擦。

2.（1）工作转速极高的轴承。

（2）要求轴的支承位置特别精确的轴承，以及旋转精度要求特别高的轴承。

（3）特重型轴承。

（4）承受巨大冲击和振动载荷的轴承。

（5）必须采用对开式结构的轴承。

（6）要求径向尺寸特别小以及特殊工作条件下的轴承。

3.（1）摩擦因数小。

（2）导热性好，热膨胀系数小。

（3）耐磨、耐腐蚀、抗胶合能力强。

（4）要有足够的强度和可塑性。

4.（1）阀套　阀杆

（2）上位　打开　供油

（3）下位　堵住　停止供油

（4）调节螺母

六、综合题

汽车发动机的曲轴、高精度磨床主轴的支承都采用滑动轴承。

§12–3　实训——拆装输出轴组件

（略）

第十三章　联轴器、离合器和制动器

§13–1　联轴器

一、选择题

1. A　2. A　3. B　4. C　5. C　6. B　7. C

二、判断题

1. × 2. √ 3. × 4. √ 5. √ 6. √ 7. ×
8. √

三、填空题

1. 两轴　旋转件
2. 联轴器　离合器　运动　转矩　安全
3. 联轴器　离合器
4. 运动速度　停止运转　限速
5. 刚性　无弹性元件挠性　有弹性元件挠性
6. 凸缘　套筒
7. 直齿　鼓形齿
8. 弹性柱销　弹性套柱销

§13-2　离合器

一、选择题

1. A 2. B 3. C

二、判断题

1. √ 2. √ 3. √ 4. × 5. √

三、填空题

1. 同轴线　接合　分离
2. 摩擦式　牙嵌　操纵　自控
3. 人力　动力　电磁　气压　液压　机械
4. 安全　离心　超越
5. 三角形　梯形　矩形

四、问答题

1. 联轴器和离合器在功能上的共同点是均用于轴与轴之间的连接，使两轴一起转动并传递转矩。

联轴器和离合器在功能上的区别是联轴器只有在机器停止运转后才能将其拆卸，使两轴分离；而离合器可在机器运转过程中随时使两轴接合或分离。

2.（1）右半离合器　接合　分离

（2）从动轴　对中环　对中环　从动轴

五、综合题

车床主轴和某些品牌的汽车都采用了摩擦式离合器。

§ 13–3　制动器

一、选择题

1. C　2. A　3. A　4. B　5. C

二、判断题

1. √　2. ×　3. √

三、填空题

1. 减速　停止　停止　运动速度

2. 带式　内张蹄式　外抱块式

3. 石棉　夹铁砂帆布

4. 铸铁　皮革　石棉

四、问答题

1.（1）销轴　铰接　摩擦片　连为一体

（2）液压缸　向外伸出　制动轮

2.（1）制动臂　制动轮　闭合（制动）

（2）顶起　张开　松脱

五、综合题

CA6140 型车床主轴箱采用了带式制动器，某些品牌的汽车采用了内张蹄式制动器，卷扬机、提升机等采用外抱块式制动器。

§ 13–4　实训——拆装凸缘联轴器

（略）

第十四章 液压传动

§14–1 液压传动概述

一、选择题

1. A　2. B　3. CA　4. A　5. B　6. AC　7. A　8. C

二、判断题

1. √　2. ×　3. √　4. ×　5. √　6. ×　7. ×
8. √　9. √　10. √　11. ×　12. √　13. ×
14. ×　15. ×　16. ×　17. √　18. ×　19. √
20. √　21. ×

三、填空题

1. 液体　能量　控制　流体
2. 机械　液压　机械
3. 动力部分　执行部分　控制部分　辅助部分　工作介质
4. 液压缸　液压马达
5. 储油　过滤　测量　密封
6. 油箱　过滤器　蓄能器　管路　管接头　密封件
7. 垂直于　一致

四、名词解释

1. 用图形符号表达液压系统工作原理的示意图称为液压回路图，又称为液压系统图。

2. 液压系统的压力是指液体在单位面积上所受的法向作用力。

3. 单位时间内流过某一通道截面的液体体积称为流量。

4. 流速是指液体流质点在单位时间内所移动的距离。

五、问答题

1.（1）向上　增大　打开　吸油

（2）向下　升高　关闭　打开　下腔　向上

（3）关闭　倒流

（4）截止阀　向下

2.（1）压力油　机械能　压力能

（2）控制　执行　压力能　机械能　直线　旋转

（3）压力　流量　力　速度

3.（1）传动平稳。

（2）质量小，体积小。

（3）承载能力强。

（4）易实现无级调速。

（5）易实现过载保护。

（6）能自润滑。

（7）易实现复杂动作。

（8）液压元件已实现标准化、系列化和通用化。

4．置于密闭容器中的液体，其外加压力发生变化时，只要液体仍然保持原来的静止状态不变，液体中任意一点的压力都发生同样大小的变化。也就是说，在密闭容器内，施加于静止液体上的压力将以等值同时传到液体各点，这就是静压传递原理，即帕斯卡原理。

六、综合题

1.（略）

2.（略）

3．液压传动在汽车的许多操纵机构（如离合器操纵机构、自动变速器、转向系、制动系）应用非常广泛；在机床中也得到了广泛的应用，如某些外圆磨床、组合机床、数控车床中都采用了液压传动系统；装载机、挖掘机、汽车起重机等也采用了液压传动系统。

§14-2　液压动力元件

一、选择题

1. A　2. B　3. A　4. C　5. B　6. B　7. C　8. C

9. A　10. C　11. B　12. C　13. A　14. B　15. B

二、判断题

1. ×　2. √　3. ×　4. ×　5. ×　6. ×　7. ×

8. ×　9. √

三、填空题

1. 吸油　压油

2. 齿轮泵　叶片泵　柱塞泵　单向泵　双向泵

3. 定量泵　变量泵　低压泵　中压泵　高压泵

4. 外啮合齿轮泵　内啮合齿轮泵

5. 单作用叶片泵　双作用叶片泵

6. 轴向柱塞泵　径向柱塞泵

7. 一　两

8. 往复　吸油　压油

9. 齿轮泵　叶片泵　柱塞泵

10. 低压　中压　中高压　高压　超高压

四、问答题

1.（1）向右　增大　真空　单向阀5　泵体　封闭　关闭　回流　吸油

（2）向左　减小　压力　弹簧力　油液压力　封闭　流回油箱　单向阀6　压油

2.（1）脱开　增大　真空　大气　吸油腔　充满　压油腔

（2）减小　挤出去

（3）吸油腔　压油腔

3.（1）伸出　增大　真空　大气　吸油口　吸油

（2）压入　减小　压油口　压油　封油区

（3）大小　变量

4.（1）向外伸出　增大　真空　吸油口

（2）压入　减小　压油

（3）一次　一次

（4）长度　流量

（5）方向　双向

五、综合题

1.

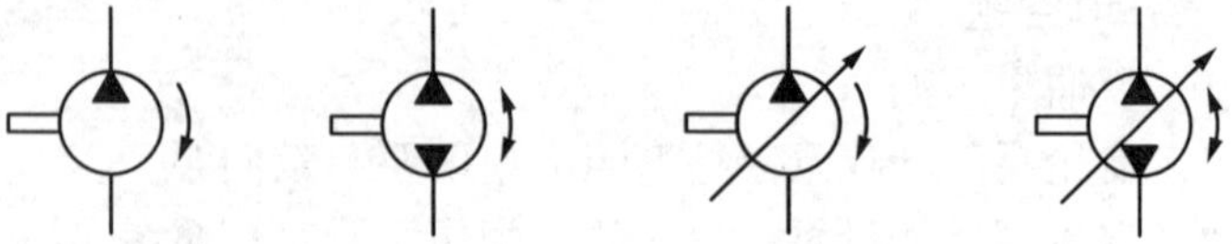

2. M1432A 型万能外圆磨床液压系统采用了外啮合齿轮泵，MJ–50 型数控车床液压传动系统采用限压式单向变量叶片泵供油，Q2–8 型汽车起重机液压系统采用轴向柱塞泵供油。

§14–3　液压执行元件

一、选择题

1. B　2. C　3. CA　4. B　5. C　6. A　7. A　8. C

9. C　10. C　11. A　12. C　13. B

二、判断题

1. ×　2. √　3. √　4. ×　5. √　6. √　7. ×

8. ×　9. √　10. √　11. ×　12. √　13. √

14. √　15. √　16. ×　17. √　18. √　19. ×

20. √　21. √　22. ×　23. √

三、填空题

1. 液压能　机械能　液压缸　液压马达

2. 往复直线运动　连续旋转

3. 缸体　活塞杆

4. 活塞　缸筒　活塞　缸盖

5. 慢　大　快　小

6. 两端　空心

7. 双作用双杆　双作用单杆

8．静　动　间隙　密封圈

9．耐油橡胶　弹性变形

10．O 形橡胶　Y 形橡胶　V 形组合

11．直线往复　旋转　轴　孔　端面

12．压环　V 形密封圈　支承环

13．活塞　端盖

14．圆柱形环隙　圆锥形环隙　可变节流槽

15．斜孔　直通

16．旋转　液压　机械

17．齿轮　叶片　柱塞

四、问答题

1.（1）工作台往复运动速度不相等。

（2）活塞两个方向的作用力不相等。

（3）可作差动连接。

2.（1）不等　液压力　大于　差值

（2）差动　有杆腔　无杆腔　增加　加快

3．相互抵消　高压腔　单方向　压力油　转矩　旋转　回油腔

五、综合题

1.

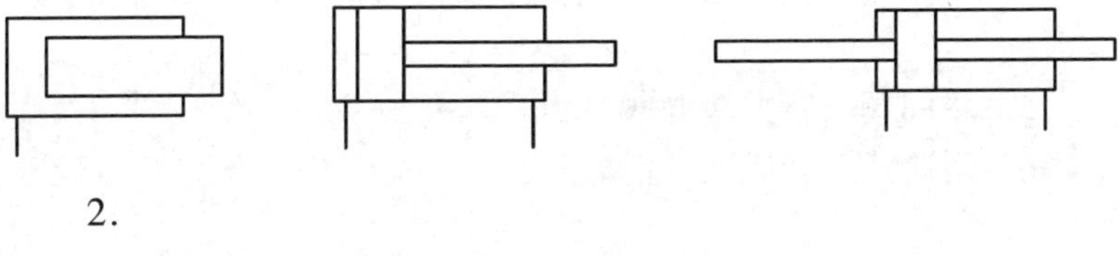

2.

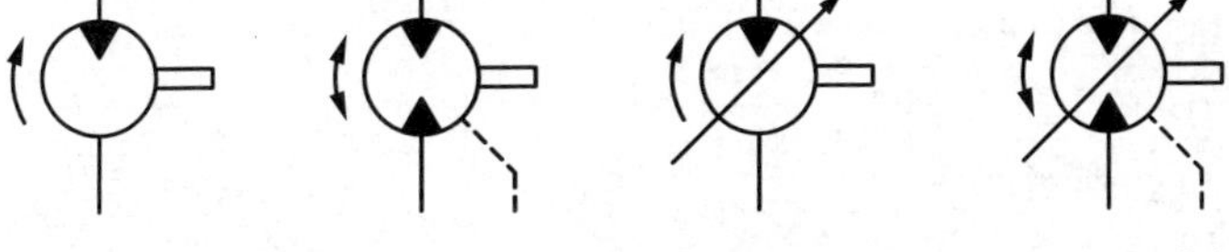

3. WY100 型履带式单斗液压挖掘机的挖掘装置采用了四个液压缸，旋转装置采用液压马达驱动，行走装置分别采用了左右两个液压马达驱动。

§14–4 液压控制元件

一、选择题

1. A　2. B　3. C　4. C　5. B　6. C　7. B　8. B
9. C　10. B　11. A　12. C　13. C　14. B　15. B
16. A　17. BAC　18. B　19. C　20. B　21. C
22. A　23. C　24. B　25. C　26. AC　27. B　28. C
29. B　30. B

二、判断题

1. √　2. ×　3. √　4. √　5. ×　6. √　7. ×
8. ×　9. √　10. ×　11. ×　12. √　13. ×
14. √　15. √　16. √　17. ×　18. √　19. ×
20. ×　21. ×　22. √　23. ×　24. √　25. √

三、填空题

1. 方向　压力　流量
2. 方向控制阀　压力控制阀　流量控制阀
3. 方向控制阀　单向阀　换向阀
4. 普通单向阀　液控单向阀　反向流动　控制压力油　反向流动
5. 单向阀　管式单向阀　板式单向阀
6. 滑阀式　转阀式　滑阀式
7. 位　通
8. *P*　*A*　*B*　*T*　*X*　*Y*　*L*
9. 位　通
10. 通道　方向
11. 弹簧　中间

12. 人力　机械　电气　液压　液压先导　电液

13. 中位（常位）　中位机能

14. 压力　压力

15. 溢流阀　减压阀　顺序阀　压力继电器

16. 溢流　压力　稳压　调压　限压　压力

17. 直动式　先导式

18. 主阀　先导阀　锥阀　压力　滑阀　流量

19. 调压　稳压　限压　背压　调压　卸荷

20. 相等　压降

21. 节流阀　调速阀　溢流阀　顺序阀　单向阀

22. 负载　调定值

23. 液压　电

24. 通流截面积　流量　运动速度　节流阀　调速阀

25. 锥形（针阀）　偏心　三角槽　周向缝隙

四、名词解释

1. 管式阀是指阀体上的进、出油口通过管接头或法兰与管路直接连接的阀。

2. 板式阀是指由安装螺钉固定在过渡板上的阀，阀的进出油口通过过渡板与管路连接。

3. 换向阀在去除任何外加操作力和控制信号后的阀芯位置称为常位。

4. 在液压传动中，背压是指作用在执行元件（液压缸或液压马达）回油腔的压力，也就是执行元件回油口处油液的压力。

五、问答题

1.（1）普通单向阀

（2）环形槽　左侧　左侧　右　右移　接通

2.（1）弹簧 6　左侧　右侧　封闭

（2）销轴 1　右　右　互通　右　压缩

（3）阀芯　左侧　油腔

3.（1）中间　工作油口 A 和 B

（2）右端　工作油口 B　回油口 T

（3）左端　工作油口 A　回油口 T_1　小孔 a、b　小孔 c　回油口 T

4.（1）小于　阀口　溢出

（2）液压力　弹簧力

（3）超过　阀芯　出油口 T　压力

5.（1）空腔 a　下部　阻尼孔 e　空腔 d　上部

（2）阻尼孔 e　孔 f　空腔 g　孔 h　阀芯 6　空腔 i　孔 j　孔 b　空腔 c　回油口 T

（3）阻尼孔 e　主阀芯 3　压力差　主阀弹簧 4　主阀芯 3　空腔 c　出油口 T

6.（1）开启　连通

（2）小于　相等　出口负载

（3）大于　上移　减小　压缩　增加　等于　减小　增加

7.（1）小于　关闭　不流动　相等　最下端　最大　基本相同

（2）大于　顶开　孔 i　左腔 j　k　m

（3）压降　大于　上移　减小　增大　增大　降低

8.（1）弹簧力　下端　不相通

（2）大于　上移　相通

9.（1）小于　关闭　阻尼孔 b　最下端　堵死

（2）大于　开启　泄油口 L　油箱　压降　小于

（3）压力差　上移　出油口

10.（1）进油口 P　压降　减压阀的右腔 f　节流口 r　右腔 q　出油口 A

（2）减压阀弹簧 2　两端油液压力

（3）上升　孔 k　增大　左移　增大　减小　增大　压力差 p_2-p_3　流量

（4）减小　右移　减小　增大　减小　p_2-p_3

（5）减压阀　节流阀　流量

11.（1）左　三位四通电磁换向阀 3　液压缸 5 左腔　伸出

（2）升高　压力　MB2　MB1　右位　右腔　缩回

（3）最高　高　调定　低

六、综合题

1.

2.

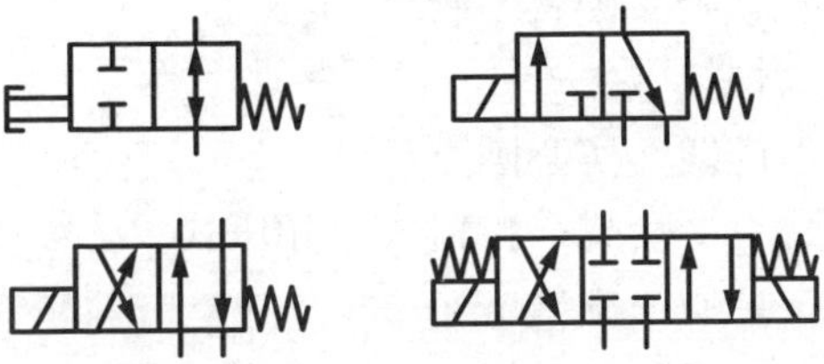

3.

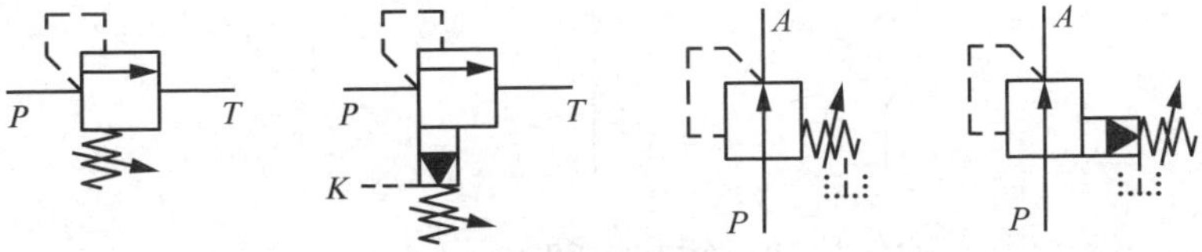

4.

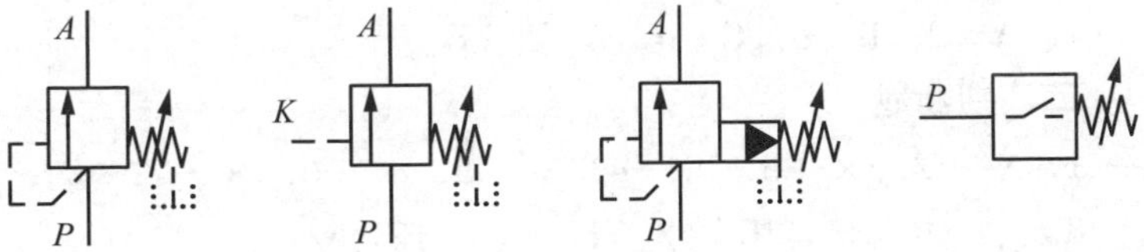

§ 14–5　液压辅助元件

一、选择题

1. A　2. C　3. A　4. A　5. B　6. C　7. B　8. C
9. C　10. C　11. A　12. C　13. B　14. A

二、判断题

1. √　2. ×　3. √　4. √　5. ×　6. ×　7. √　8. ×

三、填空题

1. 过滤器　蓄能器　油管　管接头　油箱
2. 表面型　深度型　吸附型
3. 压力油　泄漏　压力脉动　液压冲击
4. 小　灵敏　小　维护　安装
5. 硬管　软管　硬管　软管
6. 无缝　焊接
7. 实线　虚线　实心圆点
8. 焊接式　卡套式　扩口式　扣压式
9. 散热　杂质　空气

四、综合题

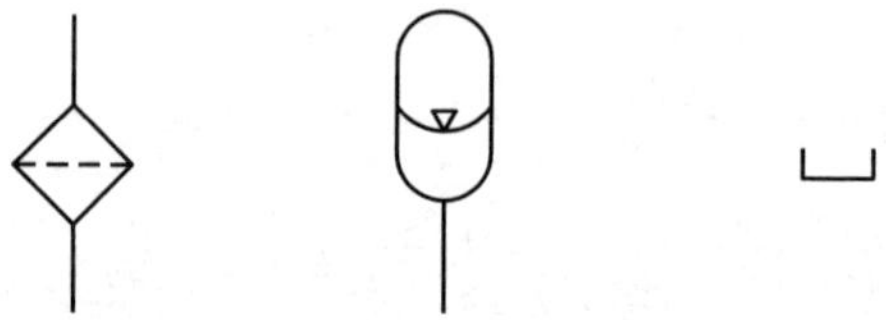

§ 14–6　液压传动系统基本回路

一、选择题

1. A　2. B　3. C　4. A　5. B

二、判断题

1. √　2. ×　3. ×　4. √　5. ×　6. ×　7. √
8. √　9. ×　10. √　11. ×　12. √

三、填空题

1．方向　压力　速度　顺序

2．锁紧

3．调压　减压　增压　卸荷

4．局部油路　执行元件　高得多

5．活塞缸　柱塞缸

6．调速　速度换接

7．进油节流　回油节流　变量泵容积

四、名词解释

1．在液压系统中，控制执行元件的启动、停止（包括锁紧）及换向的回路称为方向控制回路。

2．液压缸锁紧状态是指液压缸活塞两侧的油液被封闭，从而使活塞即使受到外力的作用也不会产生运动的状态。

3．液压缸浮动状态是指液压缸活塞的两侧油腔里没有压力，可用外力推动活塞向两侧运动。

4．利用压力控制阀来调整或控制液压系统或其中某一部分的压力的回路称为压力控制回路。

5．控制执行元件运动速度的回路称为速度控制回路。

6．阻力负载是指阻止液压缸运动的负载，又称为正值负载。

7．超越负载是指助长液压缸运动的负载，又称为负值负载。

8．控制系统中多个执行元件按预定顺序依次动作的回路称为顺序动作控制回路。

五、综合题

1.（1）M　卸荷　封闭　锁紧

（2）左位　左腔　向右

（3）右位　右腔　向左

（4）BG1

2.（1）单向阀 4　卸荷　浮动

（2）左位　蓄能器 6　左腔　右移

（3）升高　压力继电器5　上位　打开　卸荷　关闭　蓄能器6

（4）下降　下位　关闭　停止卸荷　开始卸荷

（5）右位　右腔　左移

3.（1）单向定量　直动式　溢流阀

（2）封闭　锁紧　直动式溢流阀2

（3）左位　单向阀4　节流阀6　单向阀8　左腔　向右换向阀　进油

（4）右位　右腔　单向阀7　节流阀6　单向阀5　右位　回油

4.（1）左位　左位　左腔　下位　左位　关闭

（2）上位　关闭　调速阀5　慢速工进　溢流稳压

（3）右位　单向阀6　右腔　右位　退回

5.（1）左位　节流阀　左腔　伸出　节流阀

（2）升高　顺序阀　左腔　伸出

（3）右位　右腔　单向阀　单向阀　退回

§14–7　液压传动系统应用实例

一、选择题

1. B　2. A　3. C　4. B　5. C　6. B　7. C　8. A　9. C

二、判断题

1. ×　2. ×　3. √　4. ×　5. ×　6. √

三、填空题

1. 三位四通电磁换向阀　二位四通电磁换向阀　液控单向阀

2. 夹紧　松开　换位　夹紧　伸出　缩回

3. 液压马达　正、反转

4. 压力　故障

四、问答题

1.（1）右位　换向阀7　有杆腔　换向阀5　液控单向阀9　工作腔　上升至顶端　缩回　高位

（2）左位　无杆腔　伸出　行程开关11　断电　中位

H 型中位

（3）1）右位　换向阀 5　液控单向阀 9　单作用伸缩液压缸 10　上升

2）右位　换向阀 7　有杆腔　缩回　解锁

3）左位　左位　液控单向阀 9　液控单向阀 9　换向阀 5　节流阀 4　自重　汽车重力

4）断电　初始状态

2.（1）1）MB1　左位

进油路：过滤器 1→变量泵 2→单向阀 3→先导式减压阀 5→二位三通电磁换向阀 7（左位）→二位四通电磁换向阀 8（左位）→卡盘液压缸 10 右腔

回油路：卡盘液压缸 10 左腔→二位四通电磁换向阀 8（左位）→油箱

2）MB3　右位　先导式减压阀 6　右腔

3）MB1　MB2　右位　换向阀 8　左腔　右移　松开

进油路：过滤器 1→变量泵 2→单向阀 3→先导式减压阀 5（或 6）→二位二通电磁换向阀 7 左位（或右位）→二位四通电磁换向阀 8（右位）→卡盘液压缸 10 左腔

回油路：卡盘液压缸 10 右腔→二位四通电磁换向阀 8（右位）→油箱

（2）松开　刀位　夹紧　通电　通电　通电　断电　断电

1）进油路：过滤器 1→变量泵 2→单向阀 3→二位四通电磁换向阀 15（右位）→刀架夹紧液压缸 16 下腔

回油路：刀架夹紧液压缸 16 上腔→二位四通电磁换向阀 15（右位）→油箱

2）进油路：过滤器 1→变量泵 2→单向阀 3→O 型三位四通电磁换向阀 11 左位→单向调速阀 12 的调速阀→刀架转位双向液压马达 14

回油路：刀架转位双向液压马达 14→单向调速阀 13 的单

向阀→三位四通电磁换向阀 11 左位→油箱

3）进油路：过滤器 1 →变量泵 2 →单向阀 3 →二位四通电磁换向阀 15（左位）→刀架夹紧液压缸 16 上腔

回油路：刀架夹紧液压缸 16 下腔→二位四通电磁换向阀 15（左位）→油箱

（3）1）通电

进油路：过滤器 1 →变量泵 2 →单向阀 3 →减压阀 17 → Y 型三位四通电磁换向阀 18（左位）→尾座套筒液压缸 21 左腔

回油路：尾座套筒液压缸 21 右腔→单向调速阀 20 的调速阀→ Y 型三位四通电磁换向阀 18（左位）→油箱

2）断电　通电

进油路：过滤器 1 →变量泵 2 →单向阀 3 →减压阀 17 → Y 型三位四通电磁换向阀 18（右位）→单向调速阀 20 的单向阀→尾座套筒液压缸 21 右腔

回油路：尾座套筒液压缸 21 左腔→三位四通电磁换向阀 18（右位）→油箱

§14–8　实训——搭建液压回路

（略）

第十五章　气 压 传 动

§15–1　气压传动概述

一、选择题

1. C　2. A　3. C　4. A

二、判断题

1. √　2. ×　3. ×　4. ×　5. √　6. ×　7. ×

8. √　9. ×　10. ×

三、填空题

1. 空气压缩机　压缩空气　压力　流动　能量传送　信号传递

2. 气源装置　执行元件　控制调节元件　辅助元件　工作介质

3. 机械能　压力能

4. 水分　油分　杂质　压缩空气

5. 压缩空气

6. 压力能　机械能　气缸　气马达

7. 压力　流量　流动方向

四、问答题

1.（1）手动排水过滤器　减压阀　信号控制元件　气动控制元件　气动控制元件　两侧内腔　左右移动

（2）左位　左位　左侧　左腔　向右　夹紧

（3）右位　截断　大气　右位　右侧　右腔　左腔　换向阀 7　向左　松开

2. 气压传动是以压缩空气为工作介质，靠压缩空气的压力传递动力或信息的流体传动；传递动力的系统将压缩空气经由管路和控制阀输送给气动执行元件，把压缩气体的压力能转换为机械能，以推动负载运动。

五、综合题

某些加工中心工作台的夹紧及刀具的松开和夹紧、工作台的交换、床鞍的定位与锁紧以及刀库的移动均采用了气压传动。组合机床、机械加工自动线中的机床夹具也经常采用气动夹紧机构。某些客车的车门启闭机构也采用了气动系统。

§ 15–2　气源装置、辅助元件和执行元件

一、选择题

1. B　2. A　3. C　4. B　5. C

二、判断题

1. × 2. √ 3. × 4. × 5. √

三、填空题

1. 空气压缩机　气罐

2. 电动机　空气压缩机构　气罐　排水器　压力开关

3. 水分　油分　初步净化

4. 不平衡　波动　连续性　平稳性　脉动　振动　水分　油分　压缩　故障

5. 水滴　油滴

6. 雾化　压缩空气

7. 手动排水过滤器　减压阀　油雾器

8. 热能　强度

9. 插入式　卡套式　锁母式　卡箍式　快换式

10. 非膨胀式　不完全膨胀

四、问答题

1.（1）空气过滤器　140 ~ 170　水分　油分

（2）后冷却器　40 ~ 50　水滴　油滴

（3）气体　储气罐　一次净化

（4）空气干燥器　空气精过滤器　储气罐

2.（1）曲柄滑块　往复

（2）打开　关闭　大气压力　吸气

（3）关闭　压缩

（4）高于　打开　冷却管　排气

（5）吸气　排气　更高

3.（1）旋风叶子　缺口　切线　旋转

（2）水滴　油滴　碰撞　杯底　滤芯

（3）污水　挡水板　污水

4.（1）小孔　腔室　向下

（2）上腔　受压　顶起

（3）封死

（4）喷嘴 5　小孔　输出

5.（1）呼吸　进气

（2）压缩空气　大气

（3）做功　复位弹簧

（4）运动　单作用

6.（1）进气口　排气口　排气口

（2）排气　膨胀　排气

（3）二次排气口　旋转方向

五、综合题

1.

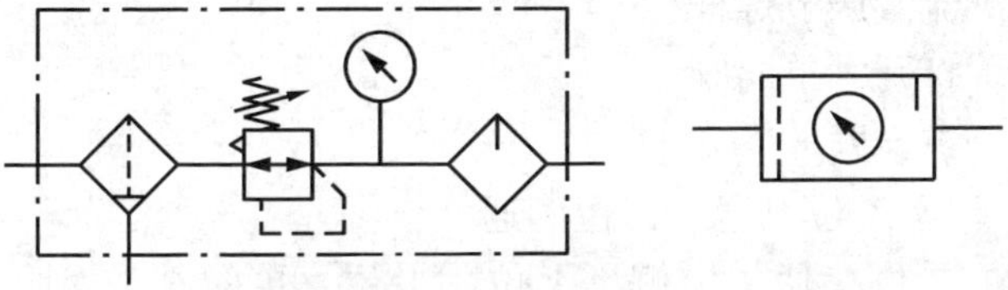

2.（略）

§ 15-3　气动控制元件与基本回路

一、选择题

1. A　2. B　3. C　4. C

二、判断题

1. √　2. √　3. ×　4. ×

三、填空题

1. 单向阀　换向阀　梭阀　双压阀　快速排气阀

2. 溢流阀　减压阀

3. 节流阀　排气节流阀　单向节流阀

四、问答题

1.（1）常闭式　接通　断开　大气　压缩空气

（2）关闭　相通　大气

（3）相通　封闭　进气口　出气口

2.（1）左位　左腔　向右　伸出

（2）弹簧力

（3）行程换向阀　右位　右腔　返回

3.（1）节流减压　膜片气室　向上　上移　减小　下降

（2）升高　升高　上移　减小　下降　原值　回缩　增大　减小　原值

（3）移动　进气阀口

4.（1）关闭　节流阀

（2）流量调节螺杆

（3）打开　单向阀

五、综合题

1.（1）二位三通　二位四通

（2）二位三通　上侧　上位　上位　单向阀　上腔　向下　节流阀　上侧

（3）切断　下位　退回

（4）排气

2.（1）上位　上腔　左腔　上位　快速

（2）右位　关闭　节流阀　慢速

（3）下位　下腔　退回　下位

§15–4　实训——搭建气动回路

（略）